ART 高等院校设计艺术类专业实验教学系列教材
GAODENG YUANXIAO SHEJI YISHULEI ZHUANYE SHIYAN JIAOXUE XILIE JIAOCAI

容器造型与模型制作

郝建英 李闯 莫快 编著

湖南大学出版社

内 容 简 介

本书分为概论篇、实践篇和鉴赏篇三部分，对容器造型与制模技法进行了直观的介绍，为学生从事容器造型设计和创意表现提供了较为系统的实验操作指导。重点讲述了石膏容器模型制作和玻璃、金属、塑料等包装容器制作的相关工艺，以及容器母模、反转模、印坯模、注浆模等的制作流程，对实验常见问题和解决办法进行了介绍，对国内外部分容器作品进行了点评，使学生在掌握工艺的同时又不拘泥于工艺，而能以一种开放自主的发散思维意识，积极主动地进行艺术实践探索和反思。

本书可作为高等院校设计艺术类专业实验教学指导书，也可作为陶瓷包装设计、产品造型设计、陶瓷生产、陶艺创作和陶瓷爱好者的参考书。

图书在版编目（CIP）数据

容器造型与模型制作/ 郝建英，李闯，莫怏 编著. ——长沙：湖南大学出版社，2012.1（2020.1重印）

（高等院校设计艺术类专业实验教学系列教材）

ISBN 978-7-5667- 0093-3

Ⅰ.① 容… Ⅱ.① 郝… ② 李… ③ 莫… Ⅲ. ① 包装容器-造型设计-高等学校-教材 ② 包装容器-模型-制作-高等学校-教材 Ⅳ.① TB482.2

中国版本图书馆CIP数据核字（2012）第005629号

容器造型与模型制作

Rongqi Zaoxing yu Moxing Zhizuo

编　　著：郝建英　李　闯　莫　怏

责任编辑：贾志萍　　　　责任校对：全　健

责任印制：陈　燕

出版发行：湖南大学出版社

社　　址：湖南·长沙·岳麓山　　　　邮　　编：410082

电　　话：0731-88822559(发行部),88821251(编辑部),88821006(出版部)

传　　真：0731-88649312(发行部),88822264(总编室)

电子邮箱：pressjzp@163.com

网　　址：http://www.hnupress.com

印　　装：湖南雅嘉彩色印刷有限公司

开　　本：889mm×1194mm　16K　　印张：6　　字数：160千

版　　次：2012年1月第1版　　印次：2020年1月第3次印刷

书　　号：ISBN 978-7-5667-0093-3

定　　价：30.00元

序 Foreword

中国改革开放后的发展有目共睹，民众从过去的温饱忧虑迈向小康，人们的生活水平与质量得到了极大改善。这其中的变化固然有源于国家政策的引导、经济的发展与科技的进步等方面，另一方面也是品类繁多的产品让我们的生活变得如此丰富，设计改变了人们的生活，改变了世界。与日常生活息息相关的衣食住行，大到摩天大楼与飞机，小到纽扣针线，处处都离不开设计，处处都需要设计。三十多年来，更多人对“设计”有了深刻的认识，接受了“设计”，同时也感到越来越需要“设计”。国家和政府也清晰地看到中国产业要从“中国制造”走向“中国创造”，更需设计创新。

设计产业的发展与需要，也促进了设计人才队伍培养的进步与壮大。据2010年不完全统计，全国半数以上的院校都开设了设计类专业，仅仅艺术设计专业就有900多所院校开设，在校人数达到113万，占所有文科在校生的11%左右；一个学校的招生规模也从过去几十人、几百人增加到上千人。这种快速发展的背后，令人担忧的是师资队伍的良莠不齐、教学观念的陈旧、学生素质的滑坡和学生动手能力的低下，等等。如何改变这种现状、如何提高设计教育的水平已成为设计界乃至教育界普遍关注之焦点。广大设计教育同仁都已认识到规范教学内容的重要性，这样必然涉及教材的编写。尽管近二十多年来设计类的教材不断得以补充与完善，但离因材施教尚有差距，且精品教材尚少。针对以上状况，湖南工业大学结合自己多年来办学的经验与特色，组织了一些骨干教师编撰了该套实验教材，聊以填补国内同类实验教材之空缺，也为培养创新性高级应用型设计人才提供参考。

就产业而言，包装在我国国民经济中的地位日益重要。在我国，2010年包装工业总产值达到12 000亿元，从1980年的第37位上升到位居国民经济各行业的第14位。尽管如此，与欧美、日本等发达国家及地区尚有巨大差距。在发达国家，包装工业总产量在本国国民经济各行业中占据前十位（美国在前五位，德国在前六位）。与国外相比其差距原因固然有我国基础薄弱的一面，但根源在于我国包装设计人才匮乏，尤其需要培养高层次包装设计人才。因此，培养更多适应社会需要的高水平包装设计人才，将是今后一段时期内高等教育不可忽视的重点。考虑到市场与社会所需，我校早在1985年就创办了包装设计专业，在国内较早地探索了包装设计人才培养的模式。值得庆幸的是经过二十多年的发展，我校包装设计艺术学院也在快速成长与壮大，办学层次从过去的大专、本科提升到研究生的培养，依托包装设计专业方向的办学特色与优势，“艺术设计”专业被评为国家特色专业，学院的“包装艺术设计实验教学中心”被评为国家实验教学示范中心。依托国家实验教学示范中心，学院在教学实践中大力倡导“设计工作室（坊）制”的教学模式，在培养设计人才的实践创新能力方面形成了一套具有本校特色的教学机制，建立了一套从课堂、实验室到服务社会的产学研教学链。该套实验教材是学院近几年实验教学的经验积累与总结。在教材的编写中，我们本着理论与实践相结合、艺术与技术相结合的原则，不仅注重教材内容的系统性与适用性，而且强调教材的指导性与针对性，希望得到设计同仁的批评和指正。

“人才之培养，系惟大学教育之责。”（钱穆）设计教育之成效关系到国家今后创新人才的培养质量。这套实验教材以包装设计为切入点，以设计实践为基点，内容翔实，图文并茂，便教易学，必将为设计教育人才的培养提供借鉴。

让我们一起来关注设计，关注设计教育！

中国包装联合会副会长
中国包装联合会包装教育委员会主任
湖南工业大学校长 、教授、博士生导师

2011年11月8日

目次 Contents

上篇 概论篇 Abstract

中篇 实践篇 Practice

下篇 鉴赏篇 Appreciation

上篇 概论篇

Abstract

Abstract

1 容器概论

1.1 容器的概念与分类

容器是指用来包装或装载物品的贮存器物，如箱、罐、坛、瓮、瓶、壶、盒等。按硬度分类，可以分为软质容器（如塑料、纸、皮革）和硬质容器（金属、玻璃、陶瓷、玉石等）两大类；按材质分类，可以分为陶瓷容器、金属容器、木质容器、塑料容器、合成树脂容器、纸容器、石质容器、自然材料容器、皮革容器等，其状态为成型或柔软不成型。软质容器多为质地软、容易折叠的纸或纸板材料、编织材料、纺织材料、纤维材料、皮革材料等制成的盒、包、袋等容器。硬质容器则指采用特定模具成型工艺制作出的瓶、罐、盒、箱、坛、瓮、盘、盆、杯、碗、壶等。硬质容器成型后具有不易变形、防水、防潮、防腐蚀、防氧化、密封性好等特点，被大量用在酒、饮料、医药类、化工类等产品的包装上。

包装容器在概念范畴上和容器有所区别，它是容器家族中的一部分，在功能上与普通的盛装器具有所不同。包装容器是指利用模具成型制得的具有一定容积的可盛装、包裹、储藏以及运输物品的外包装容器，一般作陈设观赏之用的容器、盛装器皿（杯、碗、盘等）不包括在内。因此，并非所有的容器都可以算作包装容器。严格地讲，只有用于商品流通和与商品一起进入消费终端的包装制品才能称之为包装容器，它是为了容纳、保护和转移物资以及方便消费、促销产品而从属于物品之外进入流通环节的，是商品的有机构成部分。

本书主要对石膏容器的模具制作及金属、玻璃、塑料等硬质包装容器的制作工艺进行介绍，陶瓷包装容器在此不作讲述。

1.2 石膏材料概述

石膏是一种含水的硫酸钙矿物，主要产生于泻湖相沉积层中，常与食盐共生。其化学分子式为 $CaSO_4 \cdot 2H_2O$，因含两个分子的结晶水，故又被称为二水石膏。将块石膏去除杂质，用轮碾机粉碎，可炒制成熟石膏。细度多为100~120目，个别为180目，石膏越细，硬度就越大，吸水率也越低。石膏颜色呈白色、粉红色、淡黄色、灰色、透明或半透明。形状通常为板状或纤维状，也有雪花状的，具有玻璃光泽，性脆。主要产地在湖北应县，山西太原、霍州，河南三门峡等地。

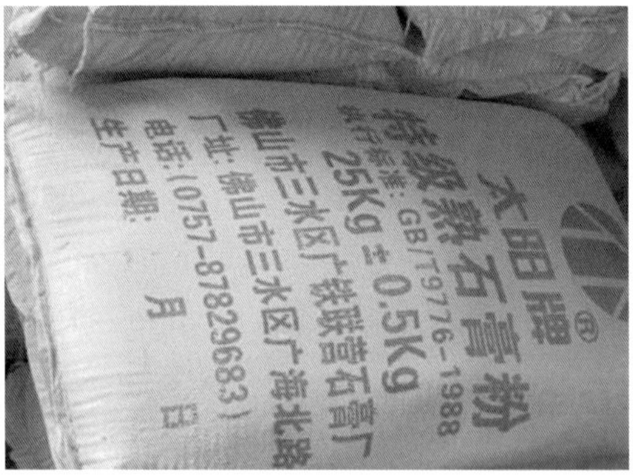

图1-1　熟石膏粉

山西石膏色灰，呈雪花状，硬度较大，含有较多杂质；湖北应城石膏色白，硬度小，杂质少。由于生石膏含有两个分子的结晶水，必须经过煅烧，排除其中一个半分子结晶水变成熟石膏后（图1-1），才

图1-2　石膏容器造型

能与水混合注制模型（图1-2）。α-型熟石膏质地非常致密，硬度大、吸水能力差，主要用来制作容器母模，以此来翻制工作模；β-型熟石膏主要用于制作工作模（印坯模和注浆模）。

石膏煅烧的化学方程式为：

$$CaSO_4 \cdot 2H_2O \xrightarrow{\text{煅烧}} CaSO_4 \cdot 0.5H_2O + 1.5H_2O\uparrow$$

1.3 石膏容器制作设备、材料及工具

容器造型课程是包装设计专业方向学生的必修课程之一，是包装容器造型制作中的一个重要环节。通过该实验的学习，能够使学生掌握石膏容器造型和模具制作的一般方法，了解塑料、玻璃、陶瓷、金属等材质的容器制作要领与现代包装容器造型的创新性设计，为学生将来从事产品包装容器设计与生产提供实践指导。

（1）石膏容器制作设备

制作石膏容器模型的设备为制种机（图1-3~图1-5）。制种机分为上下两部分，机床上面的部分为工作台面，由石膏转轮和架板组成；机床下面的部分为机器控制部分，在下方左脚处有一块踏板，俗称刹车装置。电源开关一般安装在机身的前端或左侧，有红、绿两个按钮，按绿灯开启电源，按红灯关闭电源。每台制种机均配有一台小型电机，在使用过程中，如果发现机器声音异常，应立即关闭电源，以防电机烧坏。在开启电源之前一定要先检查转台周围有无其他障碍物，以防止在转台运转过程中将异物甩出而发生意外。

图1-3　制种机操作

图1-4　简易制种机

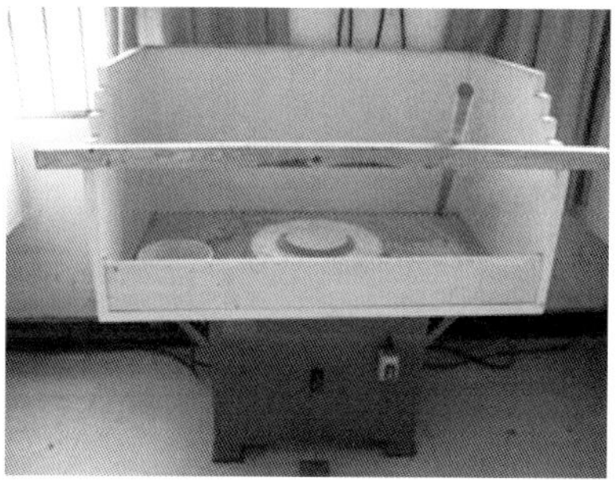

图1-5　带围板式制种机

（2）石膏容器制作材料

① 脱模剂。

在注制石膏模型时，为了防止子模（工作模）与母模（容器）黏结，必须先在母模表面涂上一层脱模剂（图1-6），以使子模容易与母模脱离。

常用脱模剂有植物油、煤油、肥皂水。

部分陶瓷生产企业脱模剂配方如下：

植物油：烧碱：水=2.4：0.6：97

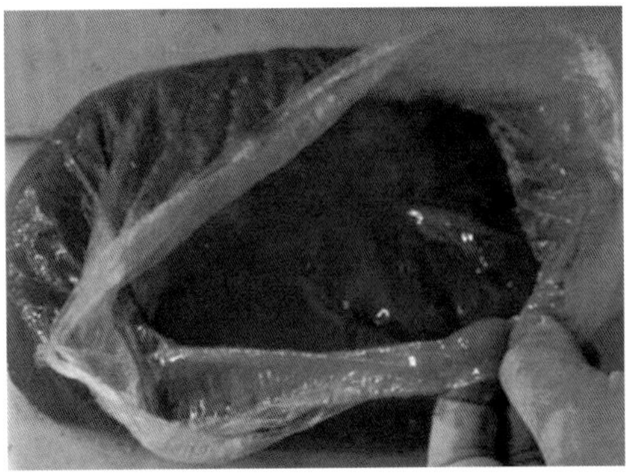

图1-6　脱模剂

图1-7　洋干漆片

植物油：液态H_2CO_3：水=3.2：2.2：94.6

日用肥皂水溶液的制法：将肥皂切成小块，盛于容器中加热，熬成胶状，然后加水溶解、搅匀。

钠肥皂水的制法：先将植物油盛入锅内，加热至沸腾冒烟，然后将液态烧碱（固体烧碱则要事先加入与碱等重的清水溶解）加入锅内，经15~30分钟搅拌，使皂液由稀变浓成团后，再加清水搅拌均匀，即可使用。

操作时，要注意安全，以防油液着火。

② 洋干漆。

洋干漆呈干漆片、半透明褐色状，用工业酒精稀释后变为溶液，用毛刷刷于石膏容器表面后具有阻水性（图1-7）。

③ 石膏粉。

陶瓷容器生产加工所用的模具通常以煅烧的蒸煮石膏粉注制而成。近年来，也有部分瓷厂研究无机填料模型，即用酚醛树脂和六次甲基四胺，填以石英粉或瓷粉等原料压制而成，便于翻制结构较为复杂的造型，但目前仍然以石膏模具为主。采用热加工成型工艺的则需要制作出钢模，如玻璃和塑料包装容器。

（3）石膏容器制作所需工具

制作石膏容器的主要工具（图1-8~图1-28）如下：

雕塑刀——用于雕刻模型与榫孔。

刮刀——用于模型表面修整、石膏浆的涂抹、切割泥片。

修坯刀——用于刮削坯体厚度。

长三角刀——用来车制石膏容器大形。

创刀——用来雕刻、刮削容器模型。

金属型板——采用薄钢片制成的刮修石膏表面的工具。

锉刀、榫锯——用于石膏面的打磨、清理和切割模块。

刻刀——用于雕刻纹样图形。

钢锯条——用于切割容器或刮削石膏模型。

尖嘴铁皮桶——用于调制石膏浆。

油毛毡——用于制作注石膏浆的围挡，也可用透明硬塑料片代替。

水砂纸——用于模型表面打磨，细度为300~500目。

长尺——用来测量各部位尺寸。

游标卡尺——用来测量容器细部尺寸。

矩尺——用来测量角度是否符合规格。

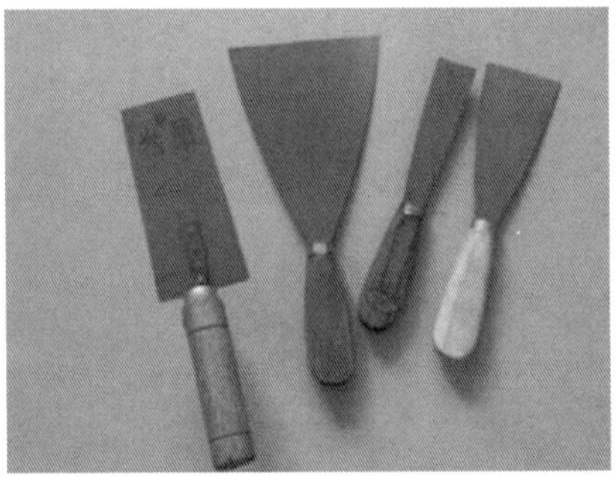

图1-8　刮刀

图1-9　锉刀、修坯刀、毛刷

水平仪——用来检测线条或平面是否水平。

蛇形尺——用于测量容器外径和绘制图纸曲线部位。

C形卡尺——翻制石膏模型时用于外围栏固定。

U形卡尺——用于测量制品内径。

螺旋夹具——由方形钢条组合而成，一边可以旋转拧紧，用于固定模板铸箱。

挡板——浇注石膏浆时的外围隔板。

铁锤——用以配合刨刀修整石膏表面。

钢丝刷——用钢丝对砂轮切片表面黏结的石膏进行清理。

天平——用于称量石膏粉、洋干漆、色料等。

羊毛刷——用于涂刷脱模剂、洋干漆等。

帆布——用于制作泥板时防止泥片与工作台面黏结。

木条、碾辊——配合用于碾制一定厚度的泥板。木条多成对使用，厚度要一致。

手套、防尘面罩——用于保护双手和防止吸入石膏粉尘。

凿子、木锤——配合使用，用来凿反转模、模面和榫孔等。

刀子——用来切割半硬的石膏块。

砂轮切片——用来打磨石膏模型剖面。

翻模用特制挡板——通常用薄木板或密度板制成，用于浇注石膏浆时在容器外围进行遮挡。挡板组合好后还须在连接处用泥块进行黏结固定，防止石膏在体膨胀时将挡板撑开。

图1-10　油毛毡、长三角刀

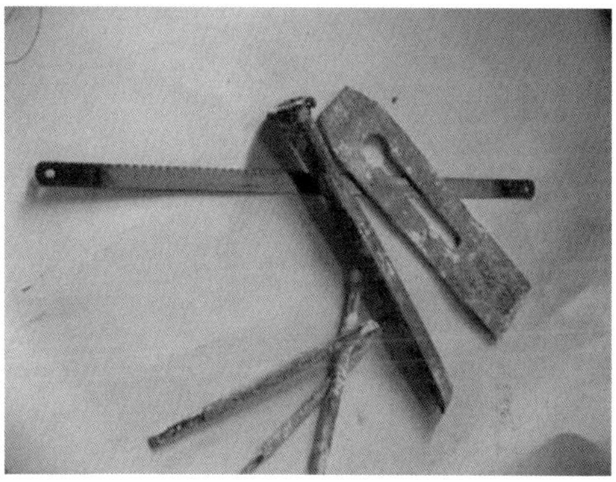

图1-11　刨刀、凿子、钢锯条

图1-12　尖嘴铁皮桶

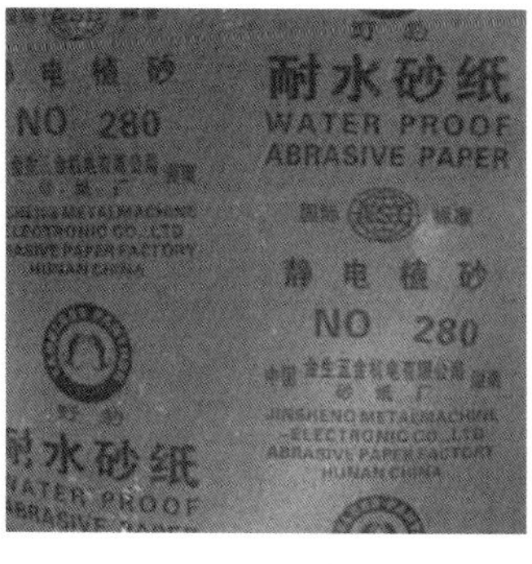

图1-13　水砂纸

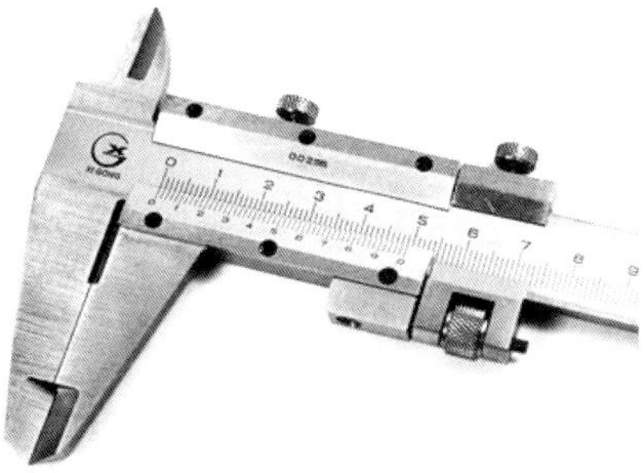

图1-14　游标卡尺

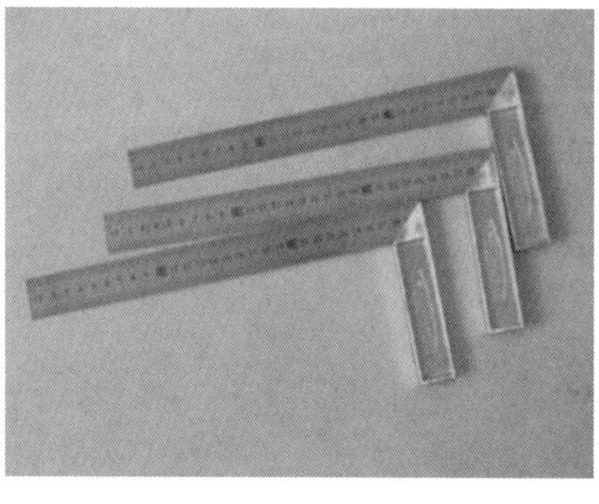

图1-15　矩尺

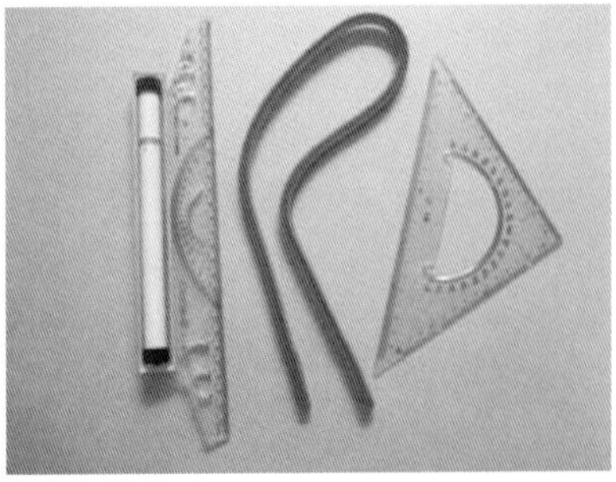

图1-16　直尺、蛇形尺、三角尺

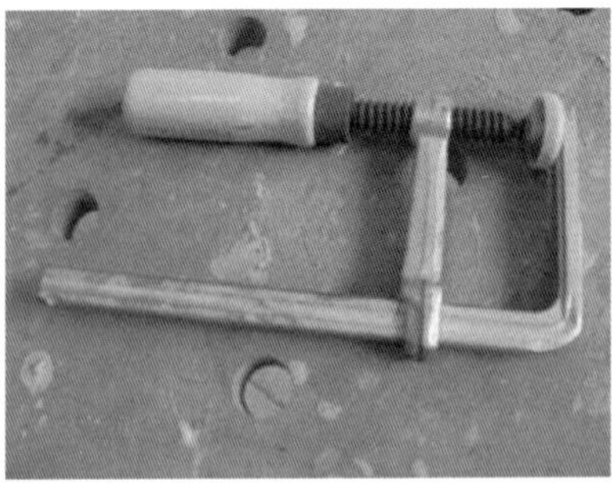

图1-17　C形卡尺

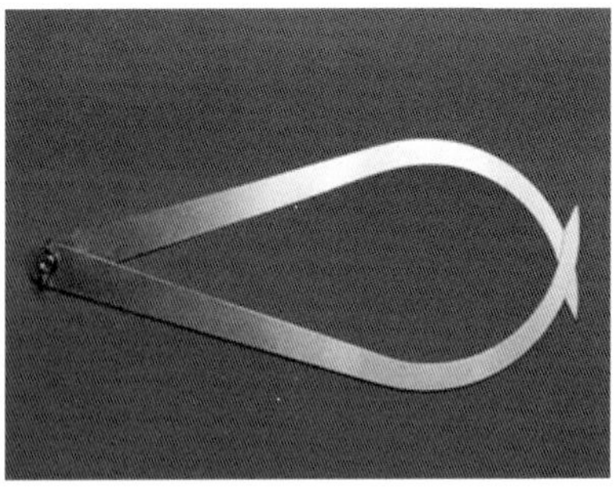

图1-18　U形卡尺

图1-19　挡板、橡胶皮带

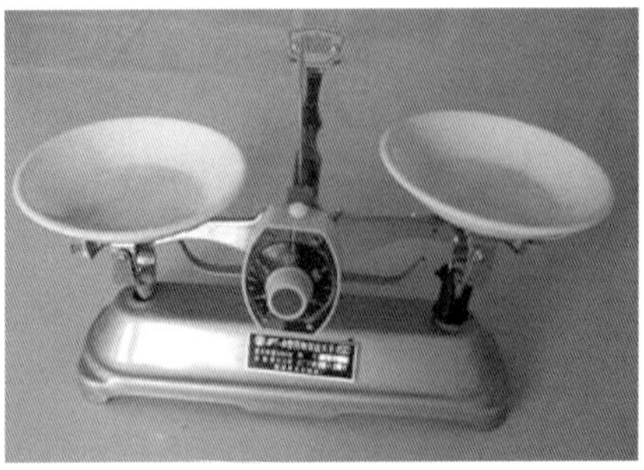

图1-20　天平

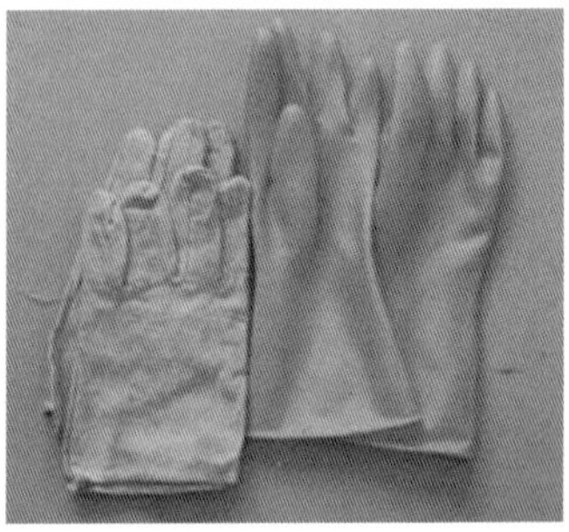

图1-21　手套

图1-22　防尘面罩

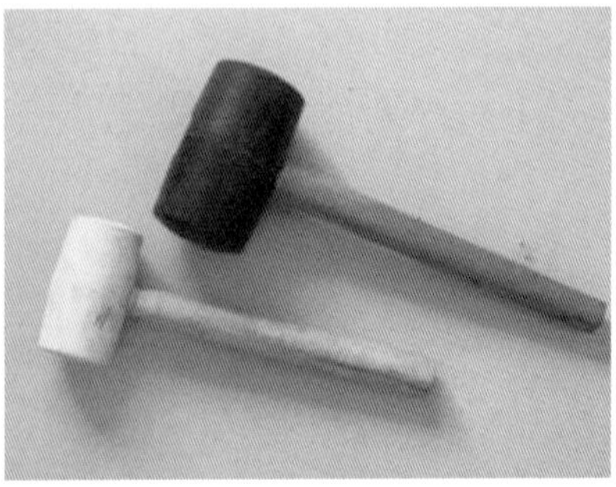

图1-23　铁锤、木锤

图1-24　橡胶水桶

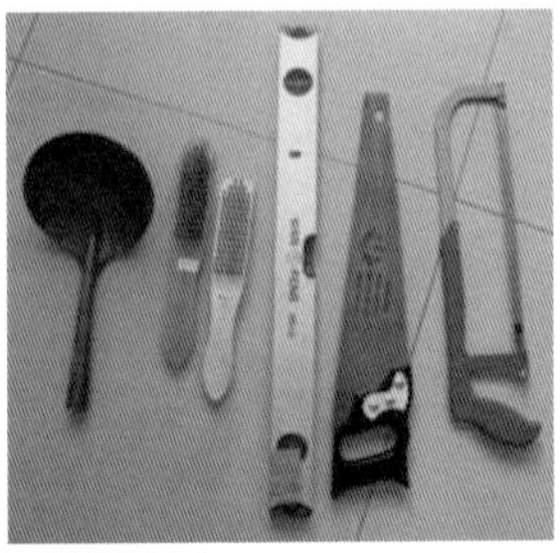

图1-25　手钢锯、水平尺、灰瓢等

图1-26　棉线绳

图1-27　手动制模箱

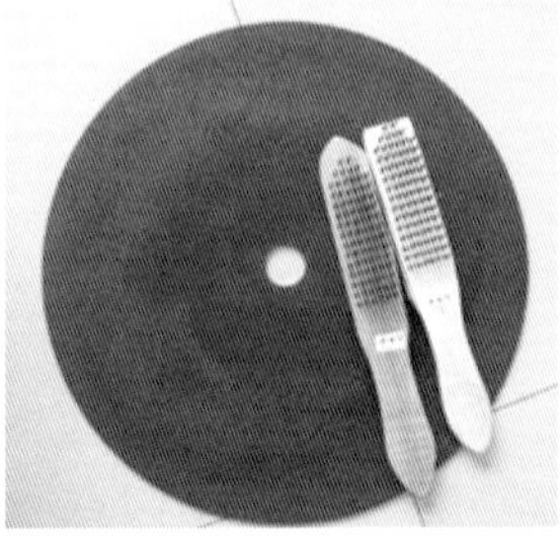

图1-28　砂轮切片和钢丝刷

1.4 模型的种类与作用

模型是作品的负形。根据不同的成型工艺，选用的模型材料也不同。一般热加工成型所用的材料通常为陶、石、钢、塑料等，冷加工成型的材料通常用熟石膏制成。母模与模型的关系为一正一负、一阳一阴。常见的模型有反转模、印坯模、注浆模三种，都是通过母模翻制而成的。

将制作好的石膏容器（母模）进行翻制，制作出若干个用于注浆或印坯的工作模（子模），然后通过工作模便可以进行相应的批量生产制作（图1-29）。根据产品的造型式样和成型方法来区分，石膏模型分为整体模型和分块模型（图1-30）两类。

图1-29　石膏母模与子模

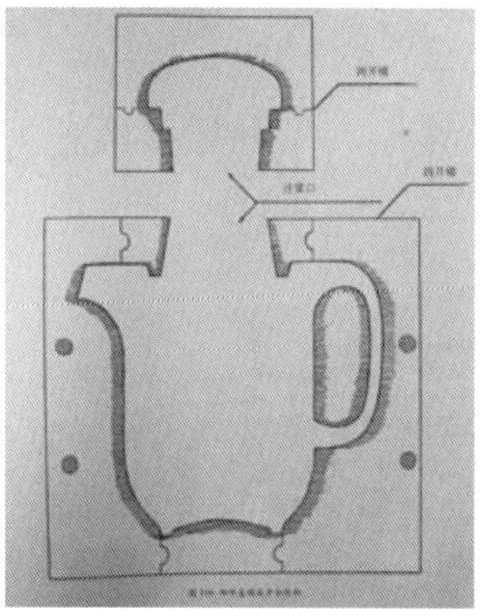

图1-30　分块模型组合结构

（1）整体模型

适用于制作碗、盘、杯、碟等形状单一的坯体。

（2）分块模型

分块模型分为双合模型和多块模型，适用于罐、瓶等实心注浆坯体及壶、糖缸等空心器皿坯体制作。多块复合模型主要适用于制作雕塑艺术瓷模型等造型复杂的坯体，其内芯须分为更多的部分。

（3）母模

母模是根据图纸尺寸制作出的单件实心容器，是用来翻制工作模（子模）的原始模种，也是进行产品尺寸规格校对的重要依据。圆柱形、圆锥形、球形母模通常采用制种机车制，在没有设备的情况下也可以采用带有转轴的木箱金属板进行手摇旋转制作成型；异形容器则采用石膏块手工雕刻成型或先捏制成实心泥塑造型，再制成石膏反转模，然后将石膏反转模涂脱模剂后翻制出石膏母模（图1-31~图1-33）。

图1-31　陶模原型

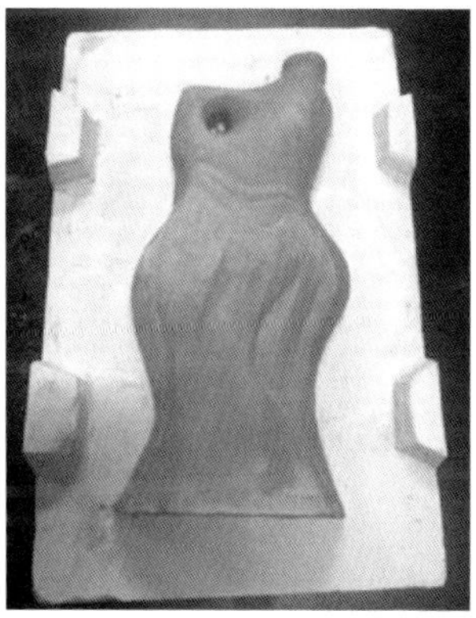

图1-32　反转模

图1-33　石膏母模

（4）反转模

反转模指用石膏浆制作出的单件模型。根据容器原始模种造型的复杂程度，可以制作成整体模型、双合模型或多块模型等。其容器原始模种通常采用黏土、蜡等易于塑造的材料。原始模种为黏土或蜡材料的，可以在制作好反转模后，用雕塑刀等工具将其挖掉，将反转模内腔清理干净并刷上肥皂水，然后合模并用绳子系紧，浇注满石膏浆，待其硬化后将反转模敲碎，取出浇注好的石膏母模，将其表面清理修整好后，继续涂肥皂水，便可用来翻制所需的批量化生产的印坯模或注浆模。如果在母模表面刻有凸起的花纹图案，则翻制出的印坯模或注浆模内壁上就自然会出现凹下的花纹图案，其一阳一阴，一为正形，一为负形。

（5）印坯模

印坯模指用来印制空心泥坯容器的工作模型（图1-34）。其操作原理为：将泥板、泥条、泥球或绞揉好的色泥片贴附在模型的内壁上，然后用手指、海绵或纱布包等将泥压实，使泥坯层与模型的各个部位都吻合，并尽量使泥层厚度一致（可以采用陶针刺坯的方式来检验各部位厚度）。印坯模是整体模型的，可以采用机器滚压成型。印坯模若是由两块或两块以上的分块模型组成的，则须将泥分别在各块模型内贴压好，再用陶针沿模型合缝面削除多余泥料，涂泥浆后将各分块模型套合上，用泥塑刀等工具将内接缝处抹平。静置一段时间后，待模内的泥坯层变硬收缩离模后，方可打开模型。用修坯刀修整外接缝线，合缝不严密处可以用切削下来的泥料进行修补，最后放在通风处自然干燥。如果所需的产品量大，印坯模可以制作多套，便于连续作业。除石膏材料外，也可以采用低温素烧陶坯等材料制作印坯模，印坯时先将陶模在火上加热，然后直接将泥板放在陶模上拍压成型。当泥坯成型后，内表面已经硬化，不容易变形。如宋代的模具印花碗就是采用陶模拍压成型，今天山西平定的砂锅制作依然使用此法。除此之外，还可以借助麻袋、果实外壳、绳、植物纤维、瓦楞纸、树皮等材料作为模具进行印坯，可以将相应肌理转印在泥坯上。

图1-34　印坯模

图1-35　双开注浆模

图1-36　分块注浆模

（6）注浆模

注浆模指将泥浆注满石膏模具，通过模具的吸附作用使泥浆均匀黏附在石膏模内表面而形成泥坯层，时间越长泥层越厚。待达到理想的厚度后，将多余的泥浆从注浆口倒出，将模型口朝下，继续收缩硬化15~30分钟，然后将模型正放，检查泥坯的硬度是否适宜，待坯模分离开后将注浆模平放，分别打开模块取出泥坯，待泥坯半干、干燥或素烧后，将合模线修整好。开模前一定要注意把握好正确的操作方法和开模时间，开模过早或操作不当都容易使坯体破裂。实心注浆时，必须保持模型内的浆位盈满并稳定一段时间，如不够要及时补浆，防止吸浆后浆位下降而造成泥坯口部缺泥或过薄。注浆模型（图1-35、图1-36）一般有两个孔，一个为注浆孔，一个为排气孔。

注浆成型适用于大批量工业生产，具有简捷、快速等优点。印坯成型适合产量要求不大的产品制作，相对注浆成型要费时费力。陶泥一般采用印坯成型，瓷泥一般采用注浆成型。

当容器生产量较大时，为提高注制石膏模型的效率，需要若干个（12~16）母模，以便于操作。如果这些母模都用原始模种来翻制，易损坏模种，也不利于保存，故一般只用原始模种翻制出一个“二代模种”（俗称“娘”种子），然后再用模围翻制母模。

（7）常用涂料及其特点

母模的模种和模围多用石膏和水泥翻制，为使其表面光滑、不吸水、经久耐用，故宜涂上一层很薄的保护层。常用的涂料及其特点如下：

① 洋干漆酒精溶液。特点：快干，易脱落。

② 桐油。特点：干燥速度慢，但结合牢固。

③ 环氧树脂。特点：结合牢固，干燥速度快。

（8）石膏模型制作注意事项

① 石膏模型要在干燥情况下才能使用。也可以将模型放在烘房内进行烘干，但温度不能超过60℃，温度过高容易使模型脱水脆化而不能使用。

② 注浆模多次使用后，表面会产生麻点，可以改为印坯模使用。

③ 制作多块模型时，要注意模型的接面和榫孔位置，使模型能够紧密套合。如果发现模型的某些部位存在缺陷，则需要重新翻制。

④ 多块模型在进行干燥时，要将其先组合并系好后再一同干燥，以防止模具变形。

⑤ 注浆模和印坯模一般有圆形、方形和多边形等。有棱角的模型为方便搬运、减少磕碰，多需要进行倒角处理。

（9）石膏模型制作工艺流程

石膏模型制作工艺流程见图1-37。

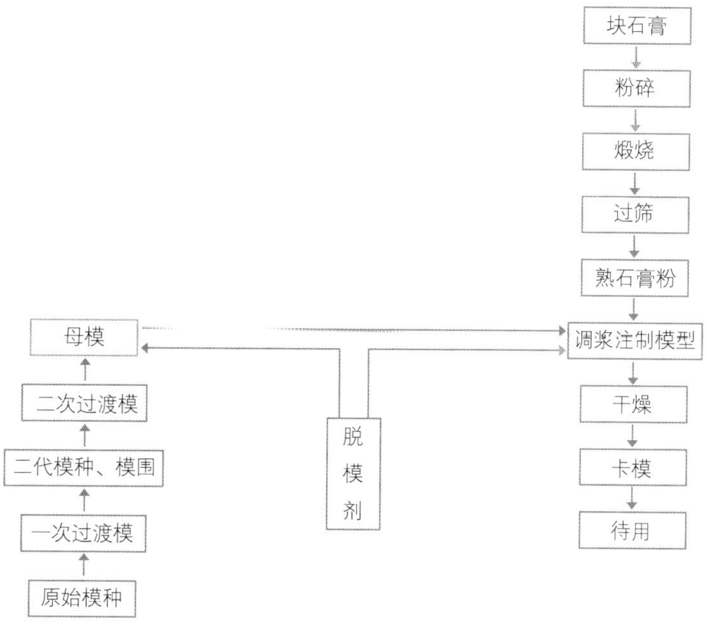

图1-37　石膏模型制作工艺流程图解

1.5 实验安全与防护问题

(1) 粉尘问题

石膏粉对人体的呼吸系统具有一定危害性，在进行与石膏相关的操作时需要佩戴防尘口罩和橡胶手套。从事熟石膏制作行业的人员每年都要进行体检，以防止矽肺等职业病发生（图1-38）。

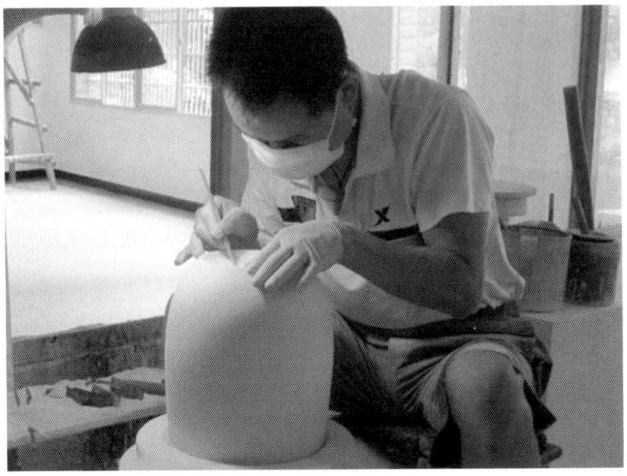

图1-38 粉尘防护

(2) 设备操作问题

制种机采用的是三相动力电源，每台设备都配有小型电机，在使用过程中如果出现机器运转故障，须及时关闭电源开关，防止烧坏电机（图1-39）。石膏浆如不慎流出模围时要及时进行清理，以防止凝固后堵塞转台而造成设备无法运转。开机前，手要保持干燥，防止触电；还要检查转台周围有无障碍物，防止在转台旋转过程中飞出异物。切割容器时，要双手握紧锯条的同一端，将锯条放在容器的底端，顺着转台旋转方向进行切割；不能双手各执一端进行切割，更不能将锯条放在与转台旋转方向相反的位置进行切割。

图1-39 设备电机防护

(3) 穿着问题

为方便实验操作，进入实验室时须穿戴工作服和工作帽，戴好口罩。穿着要尽量简洁得体，衣服袖口尽量贴体，长头发的同学要用皮筋系好头发，手腕、脖子上不佩戴首饰等，以防止卷入石膏转台中发生危险。

(4) 实验垃圾处理

车制后的石膏废料属于工业垃圾，需要进行回收利用或深埋等妥善处理，防止造成环境污染。清洗桶内石膏余浆时要用水及时冲刷，或将变硬的石膏块倒在垃圾堆上，防止结块堵塞下水道（图1-40）。

图1-40 石膏废料回收处理

1.6 实验内容与建议课时

（1）第一课题：包装容器造型设计及图稿测绘（24课时）

① 包装容器造型设计的基本理论知识介绍。

② 包装容器的设计原理及方法。

③ 包装容器的图稿测绘。

④ 包装容器的容量计算。

（2）第二课题：石膏容器模型制作实验（16课时）

① 教师示范。

a．实心泥模的制作。

b．反转模的制作。

c．石膏母模的制作。

② 学生实验练习（12课时）。

（3）第三课题：石膏工作模制作实验（8课时）

① 教师示范。

a．印坯模制作实验。

b．注浆模制作实验。

② 学生实验练习（6课时）。

（4）第四课题：塑料包装容器制作及实验（4课时）

① 教师示范。

a．塑料母模及模具制作实验流程。

b．容器的中空吹塑成型实验流程。

② 学生实验练习（3课时）。

（5）第五课题：玻璃包装容器制作及实验（4课时）

① 教师示范。

a．玻璃母模及模具制作实验流程。

b．玻璃吹瓶机的实验操作流程。

② 学生实验练习（3课时）。

（6）第六课题：金属包装容器制作及实验（4课时）

① 教师示范。

a．金属母模及模具制作实验流程。

b．金属包装容器制作实验流程。

② 学生实验练习（3课时）。

思考题

1．简述葫芦形酒瓶容器的石膏母模、印坯模及注浆模的制作流程。

2．对金属、玻璃、塑料、陶瓷等包装容器的制作材料进行比较，找出各自的性能优缺点。

中篇 实践篇

Practice

Practice

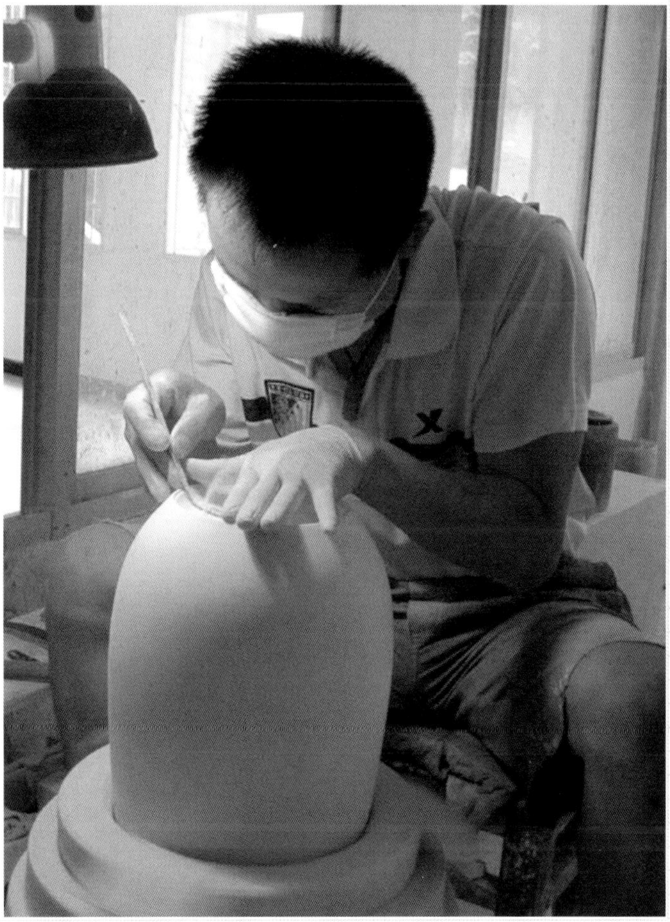

2 实验一：石膏容器的图稿测绘

（1）母模（石膏容器）制作的尺寸要求

① 翻制石膏模型的母模（容器）由模种和模围组成。原始模种多用石膏制作，一般不加水泥。它是翻制和校对母模种子的依据，也是技术管理的实物档案，应予妥善保存。

② 无论制作哪种形式的模型，其造型式样必须与产品吻合，各部分尺寸应根据坯料的干燥与烧成的总线收缩率以及坯体精修的加工余量加以放尺，其线收缩率和模型放尺的计算公式为：

$$f=\frac{a-b}{a}\times 100\% \qquad a=\frac{b}{100\%-f}$$

式中：f=总线收缩率；a= 模型尺寸；b=产品尺寸。

③ 由于各种制品的直向收缩与模向收缩不同，故在放尺时应根据实际情况适当处理，具体情况要结合坯料性能、成型与烧成的工艺条件，适当调整各部分之间的比值。

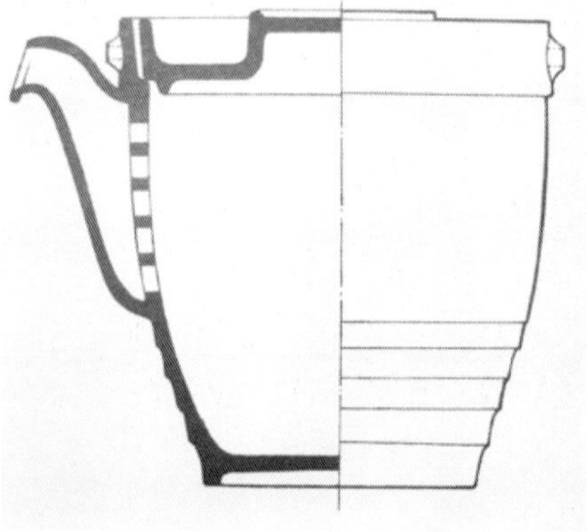

图2-1　正视图　李正安绘

（2）母模制作的图纸要求和容量计算

容器制作图是进行母模车制的重要依据，设计图稿必须符合生产工艺要求，并处理好平面图和立体造型之间的关系。一般来说，造型简单的只需要绘制出正视图（图2-1）即可，如普通啤酒瓶、饮料瓶；复杂的造型需要绘制出正视图（前和后）、侧视图（左和右）、俯视图和底视图等（如壶类容器）；一些异形容器则需要绘制出正视图、俯视图和底视图。图稿尺寸通常要求以1：1的比例进行绘制，应数字、单位明确，线条工整利索。

容器容量计算通常根据圆柱体体积计算公式，先采用标准格的计算纸进行分段计算，然后将各段体积相加即可。

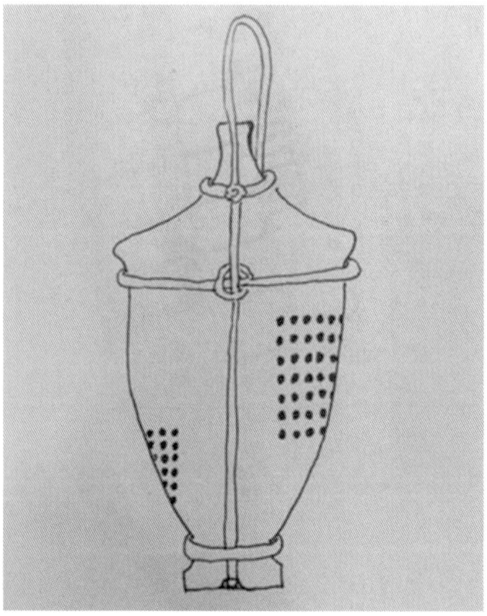

图2-2　小背篓酒容器草图　郝建英绘

（3）容器草图绘制

草图绘制是制作容器前进行的酝酿构思与整体方案设计阶段。草图设计要求简洁明了，一般的小型器物通常采用1：1的比例进行图稿绘制（图2-2）。

为了更加形象直观和方便调整修改，也可以借助电脑绘图软件制作出平面或者立体效果图等。图稿设计要符合陶瓷包装容器产品设计的基本原则、制作工艺和功能要求。

（4）容器绘制的一般方法

① 对称型容器的正视图绘制。

对称型容器的正视图绘制步骤见图2-3（a）~（h），具体如下：

a．在纸上画出中轴线进行定位。

b．利用三角板、直尺和铅笔等绘图工具，在中轴线上的相应位置处以各交点平行延伸画出口、颈、肩、身、底、足等各部位的平行线。

c．对口、底、足等较为规整的直边部位可以用直尺由中轴线向两端平行线各取一半尺寸进行直接绘制。对于肩、腹等部位要用外卡钳卡出各部位距离。用直尺量出宽度，取宽度的一半作为半径，在各个垂直中心轴线上标出，即各部位宽度的定点位置。然后用蛇形尺等工具连接各点，从而形成一半轮廓。

d．对于左右或上下对称的几何形体，一般均需要依据中轴线取各半径尺寸，先绘制出形体的一半图形，然后再按其样复制出另一半图形，最后再用各种绘图工具画出正规图形，标注各级尺寸。在通过一半图形复制另一半图形时，可以将纸沿中轴线进行折叠，放在拷贝台上用铅笔勾勒出轮廓线位置，然后再打开纸，用绘图笔依勾勒好的轮廓印痕进行描绘即可。

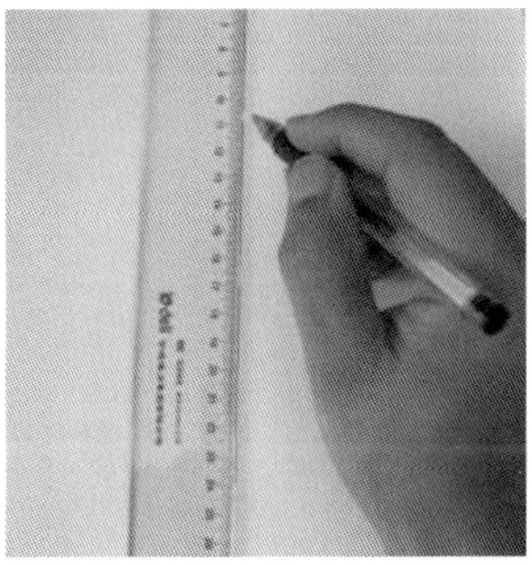

（a）在纸上绘制出中轴线。

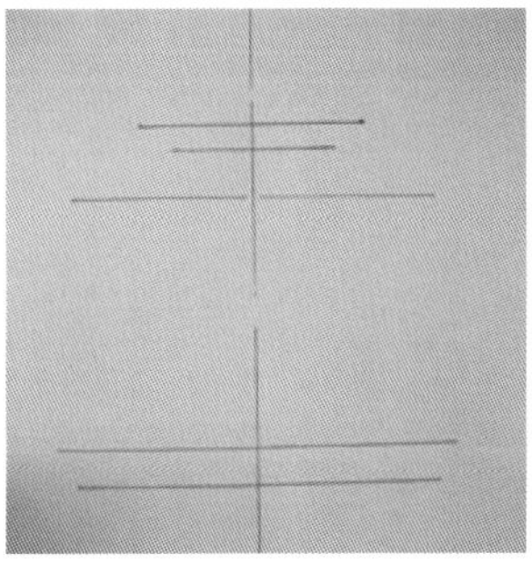

（b）在中轴线上找到各转折点位置及直径尺寸。

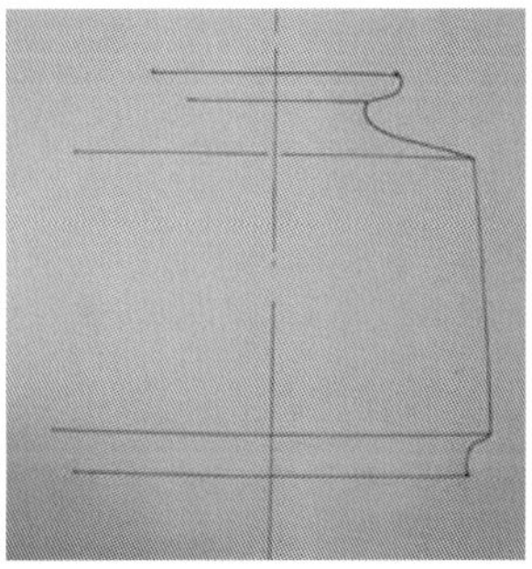

（c）连接右侧各点形成外轮廓线。

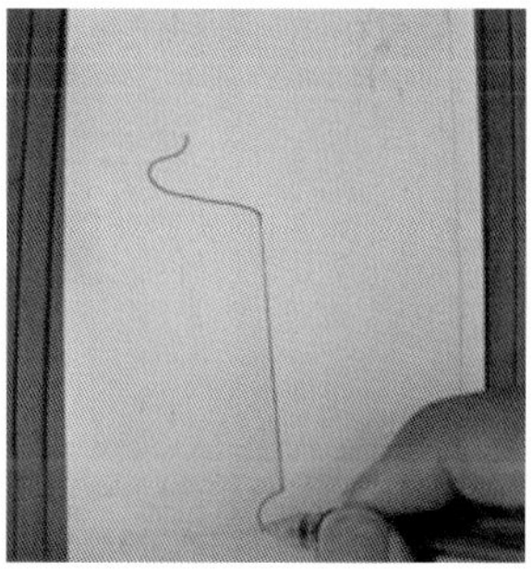

（d）将纸对折后在背面描出另一边轮廓线。

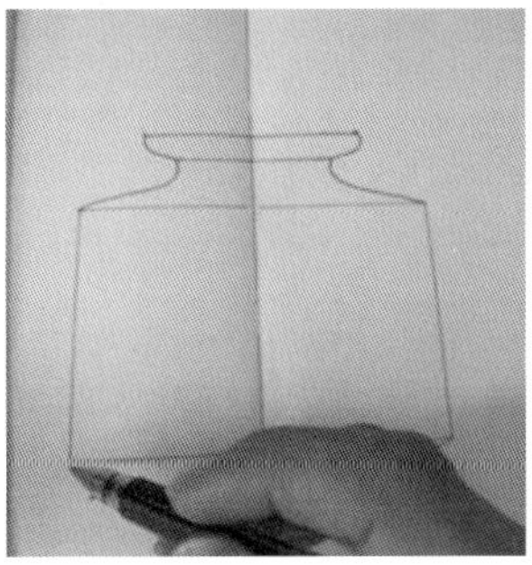

（e）依背面轮廓线进行描绘，使其外轮廓完整。

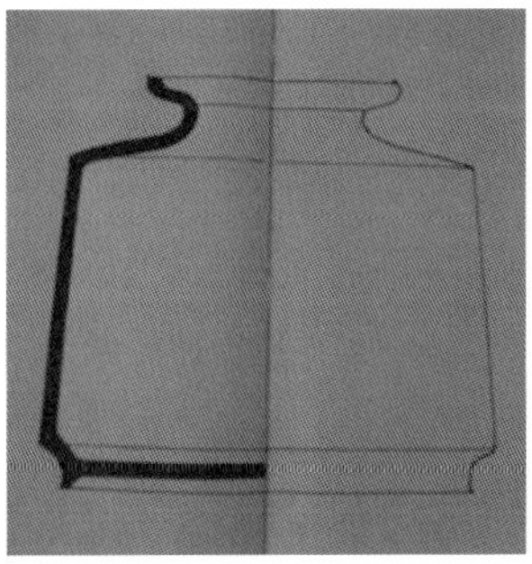

（f）在中轴线左侧用黑线标出剖面厚度。

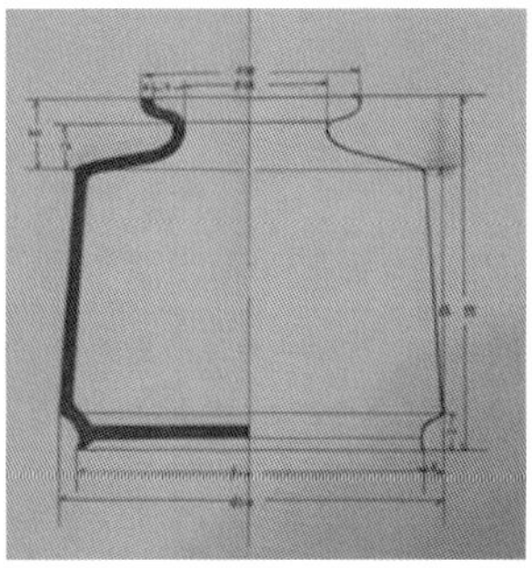

（g）标出各段尺寸。

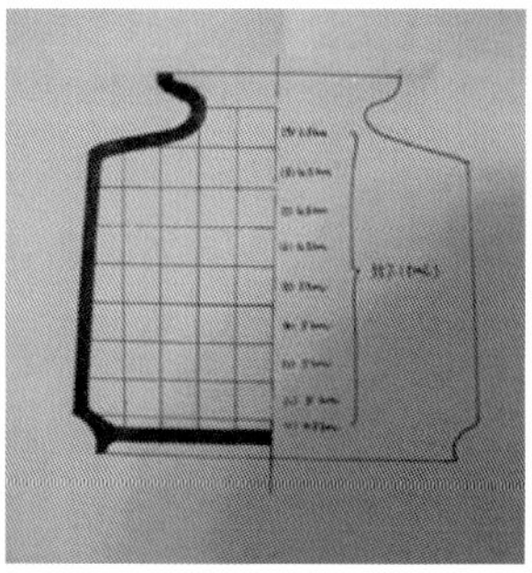

（h）用计算纸计算出容量。

图2-3　对称型容器图稿测绘及容量计算

e．最后对图形的嘴、把、盖纽等其他附件进行添加绘制，完成手工图稿绘制。对于不规则造型或形体较为复杂的器物，可再根据草图进行三视图或用三维绘图软件进行立体效果图的绘制。以草图绘制效果清晰明了、造型各部位尺寸规格正确为前提。

② 不对称型容器的多视图绘制。

不对称的容器通常要绘制多视图，器物的附件也需要分别进行各面的形状标示。多视图的绘制方法相对复杂，具体操作见图2-4咖啡壶的多视图绘制。

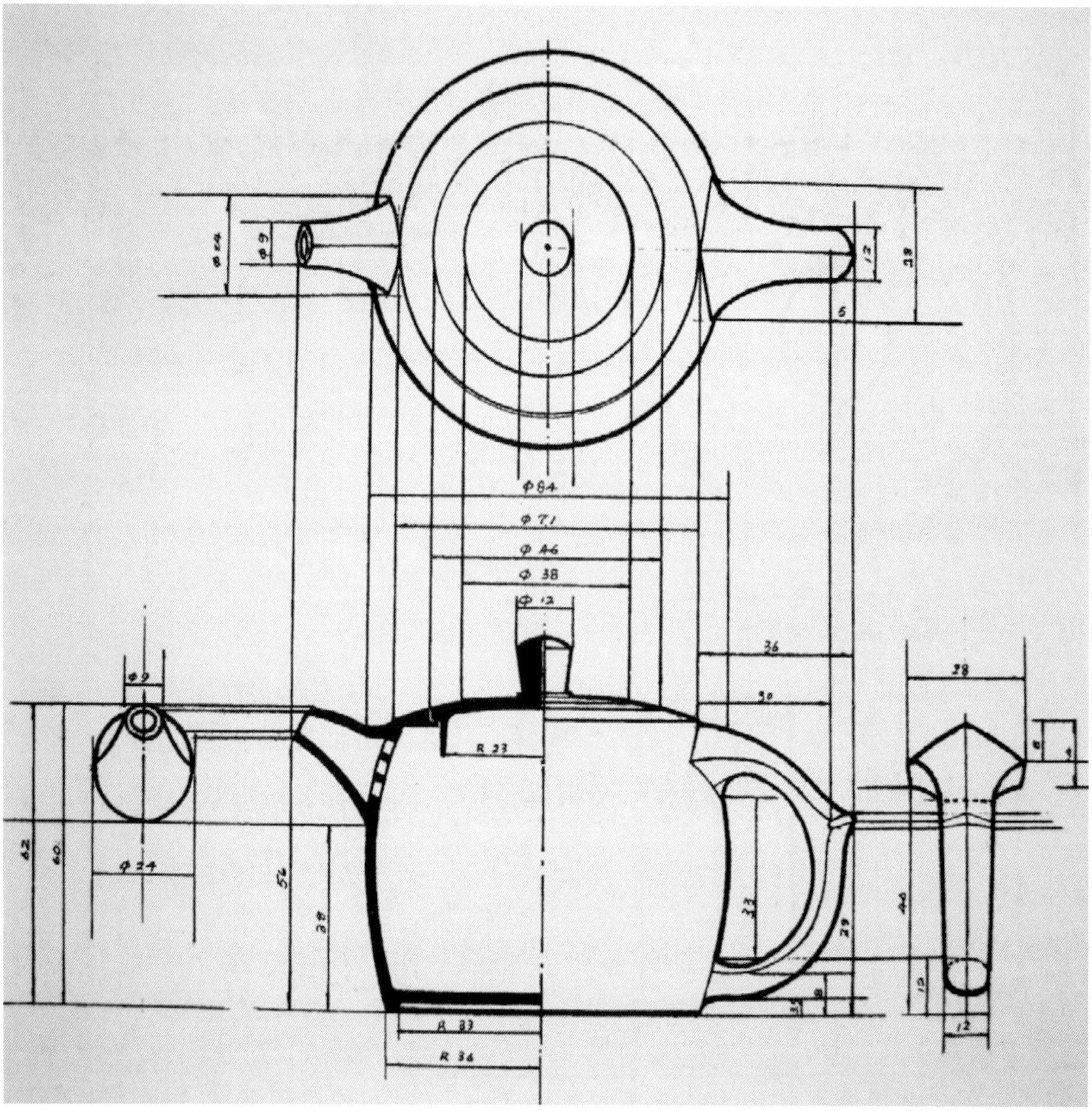

图2-4　咖啡壶的多视图绘制

③ 借助电脑绘图软件进行容器绘制。

为直观表现容器效果，可以借助3ds Max、CorelDraw、FreeHand和Photoshop等绘图软件进行产品的造型制作（图2-5、图2-6）。计算机图形辅助设计贯串于陶瓷设计、包装设计、广告设计、招贴设计、CI设计的整个过程，基本上代替了手绘的功能。

图2-5　吉祥鸟茶具（三维软件制作）　郝建英设计　谭子科制作

图2-6　鸟形茶具（三维软件制作）　黄凡

（5）容器容量计算方法

①按水的比重进行计算。

通常情况下，水温在4℃时，1毫升（1立方厘米）水的重量等于1克。

②用圆柱体体积计算公式计算。

$$V=\pi R^2h$$

式中：V是圆柱体的体积，R是圆柱体的半径，h是圆柱体的高度。

③用计算纸进行计算。

a．将比例为1∶1的造型制作图的透明图纸（正视图）放在计算纸上，使容器口部与计算纸的厘米横格线吻合，容器的中轴线与厘米格的直线相重叠。

b．透过容器造型正视图纸上计算纸的厘米格，则可以将容器分为若干厘米等分，每格高为1厘米。

c．衡量容器每横段的半径尺寸（从容器的剖面内算起），代入圆柱体体积计算公式，求出每横段容量，然后将各段容量相加，即得出器皿的容量（图2-7）。

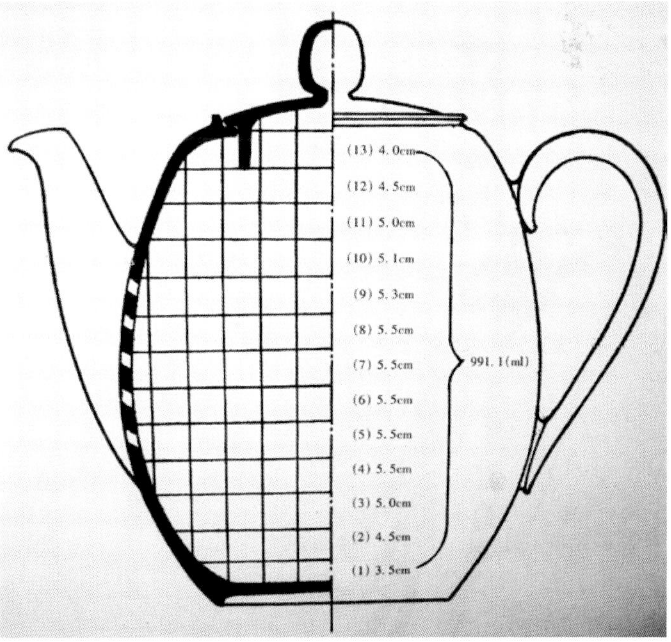

图2-7　分格计算容积法　陈进海、李正安

总之，实验技术手段可以在长期的实践中逐渐趋向成熟，但设计创意却要不断地与时俱进，推陈出新。作为一名包装设计工作者，在进行容器造型设计与创作实践的过程中，不但要具备良好

的艺术修养、广博的知识结构、科学的世界观和发展观，还要具备扎实的美术设计基本功和电脑美术设计软件运用能力，需要具有丰富的生活经验，保持良好的创作心态和敏锐的设计眼光。在继承传统包装工艺的同时，能结合时代审美文化和市场需求进行创新表现，才能使当代的包装容器产品更加符合现代人的物质和精神生活需求，才能更好地为企业和社会服务。

思考题

1. 如何绘制包装容器的三视图？
2. 如何计算容器的容量？
3. 对3件不同造型的古代包装容器进行实物测绘，并分别用三维软件进行制作。
4. 如何根据产品尺寸进行放尺？

3 实验二：石膏浆的调配

石膏浆的调配是进行石膏容器制作的重要环节之一，它将直接影响石膏容器的质量，因此，需要进行实际操作才能更好地把握。有一定的实际操作经验后，则可以用目测和手感来判断。石膏粉通常呈白色、灰白色、灰色等，如果需要调制不同色泽的石膏浆，则可在水中先加入一定量的水粉颜料或墨汁等，再将石膏粉撒入色水中进行沉淀，待气泡排尽、将水桶表层清水倒掉后进行搅拌，即可得到多色石膏浆。也可以同时用两种色泽的水进行调浆，然后同时进行注浆，边注浆边搅拌，则可以产生大理石纹、云纹状的自然纹理（图3-1）。

图3-1　多色石膏浆的调配

（1）实验目的

掌握石膏粉的材料性能特点、石膏浆的正确调配方法和实验操作流程，为进行石膏容器制作和模具制作做好准备。

（2）实验课时

实验时间安排一般为2课时。

（3）实验操作步骤

石膏浆的调配实验流程如图3-2（a）~（f）所示。

（a）用一个干净的水盆接上适量的清水。水的多少要根据所制作的容器尺寸大小来确定。

（b）将石膏粉均匀地撒在水盆里（注意此时不能搅拌）。操作前要戴好防尘面罩。

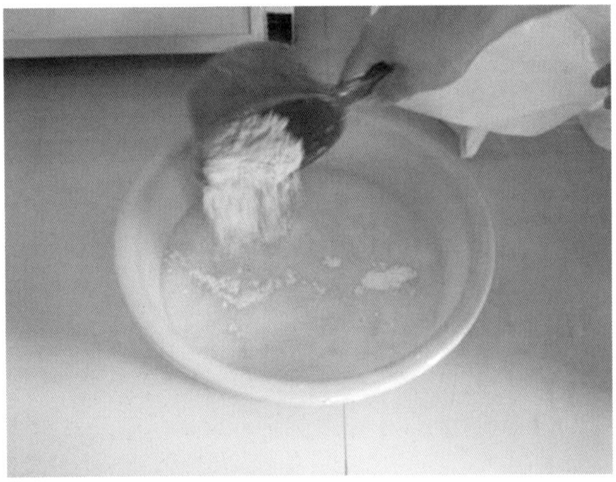

（c）粉与水的体积比约为1.2：1，撒粉要尽量均匀，不宜过快，使气泡能充分排出，粉与水面距离约一个食指关节为宜。

（d）静置3~5分钟，使水中的气泡充分排出。

（e）将上面沉淀下来的清水全部倒掉，余浆呈奶油状即可进行搅拌。

（f）用手或搅拌工具反复搅拌石膏浆，使浆内的气泡充分排出。注意要沿同一方向搅拌均匀（时间约3分钟为宜）。要在7分钟之内使用。

图3-2　石膏浆的调配实验流程图示

（4）操作注意事项

① 操作前须佩戴防尘口罩，防止粉尘吸入肺部。

② 打开实验室内的通风设施，保持空气流通。

③ 石膏浆沾在衣服上时，不要急于擦洗，待变硬后轻轻一抠即可脱落。

④ 桶内要先放水再放熟石膏粉，撒粉时慢慢撒入，尽量使粉沉入水中后与水混合均匀，使气泡充分排出。不要堆块倒入。

⑤ 每次倒完浆后都要及时把水桶清洗干净，防止石膏粉内出现上次残留的石膏结块。

⑥ 每次加粉完毕后，要先把水桶表面析出的清水层倒掉，方可进行搅拌。搅拌时要沿同一方向进行，尽量不要搅入空气，否则会产生气泡。

⑦ 调制石膏浆时如果水量过多，模型硬度会偏低，且气孔率过大；反之，粉太多则模型硬度会过

高，气孔率不足。

⑧ 注意把握好恰当的注浆时间和速度。石膏浆经过7~10分钟便会初凝，同时放热，并发生体膨胀。注浆时间检验方法：用手抓浆后使其自然流下，如果为一条直线，则还需要继续搅拌；如果出现断线，则可以进行浇注（图3-3）。注浆速度过快容易产生气泡，过慢会导致石膏浆变稠而不能完全覆盖填充原型，使模型表面产生孔洞而造成报废。

⑨ 石膏粉要放在干燥防潮的地方，每次用毕后要及时将袋口封好。

⑩ 利用石膏凝固的时间将水桶迅速清洗干净。塑料桶内凝固的石膏一般可以滚压揉搓桶壁或者在地面上敲打使其震落下来。

⑪ 粉与水的体积比为1.2：1，其比例通常可以用手指进行估算测量，当粉面与水面距离约一个食指关节为好（图3-4）。

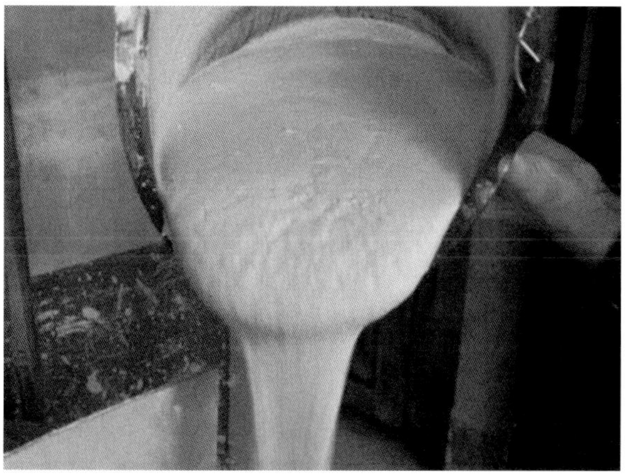

图3-3 石膏浆的奶油状效果

图3-4 水与粉的距离测量

思考题

1. 简述石膏粉的调配操作过程。
2. 调浆操作的注意事项有哪些？
3. 如何调制出带色的石膏浆？

4 实验三：上机制作石膏容器母模

（1）中轴线对称的石膏容器车制实验步骤

① 根据图纸尺寸制作圆形石膏转台底座。

在容器图纸的最大直径尺寸基础上增加2～3厘米，即为转台底座的最大直径。调制好石膏浆进行底座制作，用长三角刀车成一个高度为5厘米左右的标准圆柱形转台，注意转台的侧面一定要车制垂直。底座直径尺寸比图纸最大直径多2厘米为宜（图4-1）。

② 围裹油毛毡。

根据容器草图实际尺寸，选择合适的油毛毡（也可以用透明硬塑料片）垂直围在事先做好的圆形底座上（图4-2）。注意底部要包裹严密，油毛毡与水平面一定要保持垂直，否则注浆后会出现柱体歪斜的情况。

③ 用细棉绳进行捆绑固定。

用细棉绳将油毛毡的上、中、下部位都系好（图4-3），尤其是底部不能露出空隙，防止石膏浆流出将机床上的转台凝固，致使电机无法转动而烧坏。

图4-1　制作3~5厘米高的圆形石膏底台

图4-2　围裹油毛毡

图4-3　用细棉绳捆绑固定

④ 正确调配石膏浆。

用干净的水桶接上适量的清水（水量的多少要根据油毛毡围成的柱体直径和高度而定），将熟石膏粉均匀地撒在水桶里，注意此时不能搅拌（图4-4）。一般石膏粉与水的体积比为1.2：1，可将食指伸入桶内水中，水面到达食指第一个关节时取出查看指尖部位有无粉，有则比例合适，无则需要继续加粉后再测试。粉与水面距离约一个食指关节距离为宜。

⑤ 气泡排尽后倒掉析出的余水。

静置3~5分钟（注意此时千万不能进行搅拌），然后将上部析出的清水全部倒掉，余浆成奶油状即可（图4-5）。

⑥ 正确搅拌石膏浆。

用手沿同一方向反复搅拌石膏浆，尽量将多余的气泡排出，使浆内没有粉块，时间以2~3分钟为宜（图4-6）。注意石膏浆在搅拌过程中开始逐渐变硬，超出7分钟后石膏浆将开始凝固，从而无法倒出。

图4-4 按比例调配石膏浆

图4-5 排气后倒掉余水

图4-6 搅拌石膏浆

⑦ 浇注石膏柱体。

将搅拌好的石膏浆倒入油毛毡围成的圆柱体中，注意桶要抬高以增加压力利于空气排出，不能将桶压在油毛毡上，防止将初凝的柱体底部摇松（图4-7）。

⑧ 石膏柱初凝。

石膏浆注入母模后，一般经过7~10分钟便会初凝，同时放热，并发生体膨胀（图4-8），具体根据石膏浆的稀稠程度和空气湿度而定。利用石膏凝固的时间将水桶迅速清洗干净，防止石膏在桶内凝固而导致水桶不能使用。

⑨ 打开模围进行检验。

一般检测方法为用手去按石膏顶端部位，感觉在发热，并且有如苹果般的硬度即可打开模围进行车制。如果按上去如同豆腐般的硬度则需要继续凝固（图4-9）。把握好车制时间是成功的关键，石膏过软开机即会甩出，过硬则难以车制。

图4-7 浇注石膏柱体

图4-8 静置并初凝

图4-9 及时打开模围

⑩ 先车制一个标准圆柱体。

开动制种机电源，迅速用长三角刀将初凝的石膏柱体修成一个上下直径相等的标准圆柱体（图4-10）。为使刀稳固，长三角刀一般要配合横杆使用，根据所车制容器的高度将横杆放在两侧挡板的卡槽内或支架上，身体微向前倾斜，刀把放在工作台的横杆上。车制石膏柱时注意“准、稳、快”，即圆心要准、刀要握稳、前两刀修圆柱体的顶面和侧面要快。

⑪ 接着车制石膏容器大形。

在10分钟内迅速车出容器的大致形状（图4-11）。握刀时要注意"三点一线"，即将长三角刀的尾部夹在左腋下（一点），并用左手握紧刀把1/2处（一点），然后用右手拇指、食指、中指夹住长三角刀前端的三角刀片（一点），在操作过程中，要前后两头用力将刀固定在横杆上（一线）。长三角刀始终以横杆为支点，进行上下左右移动：通过身体的左右移动来调整石膏柱体的直径，通过双腿的上下移动来调整石膏柱体的高度。为减少摩擦力，通常用刀尖部位削制大形，用刀面部位进行外轮廓抛光。使用方形刀车制石膏柱体时，采用单手操作即可，即将方形刀夹在圆木棍上，木棍的前端顶在墙面上，后端夹在右胳膊肘下，右手将刀与棍握紧，身体移动逐渐靠近所要车制的石膏柱体即可。

⑫ 依次车制出容器口、身与底部形状。

根据图纸尺寸依次车制出容器的口、身、底等形状（图4-12），可以用U形卡尺测量容器内径等。随时刹车观察整体效果，注意造型的节奏韵律感和物理重心，造型变化要符合生产工艺要求。

图4-10　车制标准圆柱体

图4-11　逐层车制容器大形

图4-12　依次车制出口、身与底部形状

⑬ 深入加工。

在半小时内用刻刀、刨刀、钢锯条等工具修整容器的局部（图4-13），用矩尺、卡尺等测量工具对照图纸各部位尺寸进行精确测量，同时检查石膏容器的整体线形轮廓是否规范合理。

⑭ 打磨抛光。

用细水砂纸由上至下反复打磨多次，并随时刹车观察形体，有气孔的部位可以用打磨下来的软石膏屑直接进行填补（图4-14）。为能够检验出容器的各部位线形是否准确，可以按比例为1：1的容器图稿轮廓尺寸剪一块塑料玻璃纸样，用此样套在容器上进行校对。

⑮ 切割容器。

在开机的情况下，用钢锯条将车好的容器切割下来，注意操作安全及方法。一般需要两个人配合，一个人用双手握紧锯条一端放在所锯部位，另一个人用双手保护好容器，防止在转动中甩出。待锯至离圆心约2厘米时关闭电源，用手轻轻一推即可将容器取下来（图4-15）。切割时注意安全，两手要捏紧锯条的同一端尾部，放在与转台旋转方向一致的石膏底部。注意不能采用一手握一边的方式进行切割，容易发生容器折断锯条或误伤手等情况。

图4-13　容器外轮廓修整

⑯ 后期加工。

待石膏完全发硬后（一般在24小时以后），用铲刀、刨刀等修整作品底部，再进行容器表面装饰图案的雕刻、黏结、组合、拼贴等后期处理（图4-16）。在制作过程中要考虑到容器的适用、经济与美观原则，各部位要符合大生产工艺要求，并符合人机工程学。

图4-14　进行表面打磨

图4-15　用锯条切割容器

图4-16　底部修整

（2）制种机的操作及辅助工具使用图示

制种机的操作及辅助工具使用方法如图4-17（a）~（l）所示。

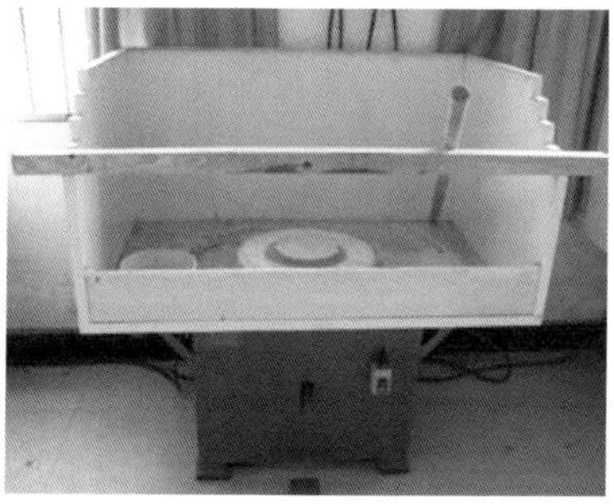

（a）制种机设备主要由台面上下两部分组成，上面为工作台面，三面有围板，横杆水平支撑在两侧槽内。可以根据车制高度进行调节。

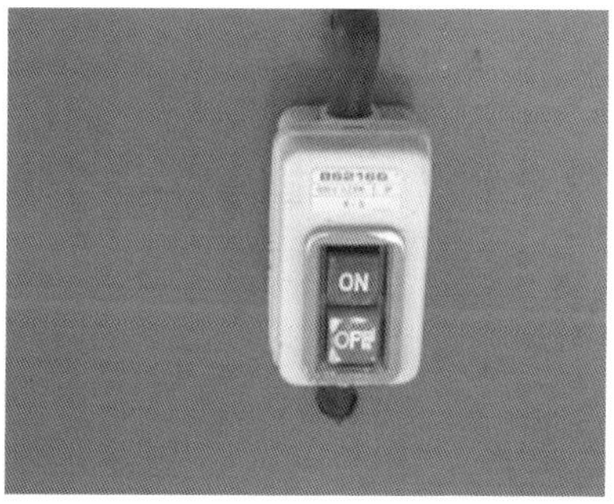

（b）制种机有一个电源控制开关，实验室墙面上还配有相应的空气压缩开关。开启电源时手要保持干燥，防止触电。

（c）设备前端下方有脚踩刹车装置，便于随时刹车检查容器的车制情况。

（d）制种机的机床下面配有电机，为三相动力电源。电机每分钟转速为230转。电机要放在通风和干燥的环境中。

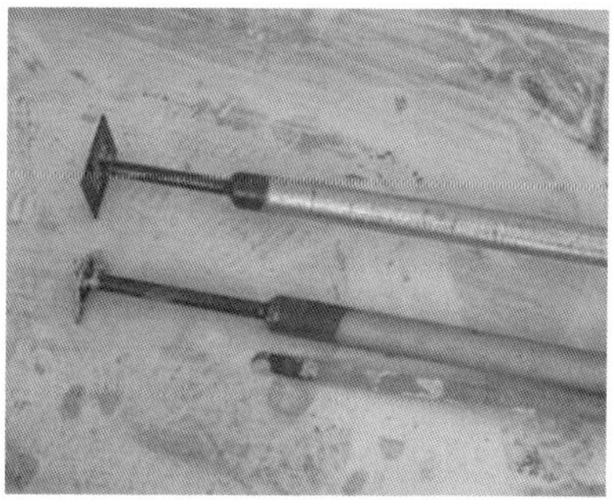

（e）车制大形用的长三角刀和合金方形刀。一般要配合木棍一起使用，也可以直接架在横杆上使用。

（f）掌握正确的握刀方法非常重要，操作要领为“三点一线”。

（g）双脚一前一后自然分开，前后使劲将刀压在横杆上，注意要“刀不离杆，杆不离刀”。

（h）无论容器形状如何，都需要在短时间内（10分钟）先车制出一个标准的圆柱体来，然后在半小时内车制出大形。

（i）通过身体的上下移动来调整容器的高度，通过身体的左右移动来调整容器的直径。

（j）大形车好后，用刻刀、钢锯条进行细部修整。要注意符合人机工程学和大生产工艺要求。

（k）用细水砂纸由上往下逐渐打磨修整。有孔的地方可以直接用打磨下来的石膏屑修补。

（l）打磨完成后，双手握紧锯条放在容器右侧底部进行切割，待距离圆心2厘米时关掉电源，取下即可。注意手的姿势和操作安全。

图4-17 制种机的操作图示 郝建英

（3）常见问题及解决办法

① 石膏底座制作不标准。原因：侧面没有车制垂直，导致油毛毡的中轴线偏移（图4-18）。

② 底部漏浆。原因：油毛毡不够垂直，或底部不平整，或绳子未捆严实（图4-19）。

③ 模型过硬。原因：硬化时间过长（图4-20）。

图4-18 石膏底座制作不标准

图4-19 底部漏浆

图4-20 模型过硬

④ 表面有深浅不一的螺旋纹。原因：修坯刀使用姿势不正确，如刀、杆分离；长三角刀的两端未夹紧，出现跳刀纹或深浅不一的螺纹（图4-21~图4-24）。

⑤ 石膏浆过稀或过稠。原因：水与粉的调配比例不当，或未倒掉清水就开始搅拌。

⑥ 石膏容器在刚开机后甩出。原因：石膏柱初凝时间不够；柱体重心偏移角度过大（图4-25）；注石膏浆时桶碰到油毛毡使底部未粘紧。

⑦ 石膏容器在车制过程中甩出。原因：前端刀头用力过大；石膏柱上下大小不一，偏离重心；三角刀不够锋利（图4-26）；采用刀面车制时摩擦力过大。

图4-21　错误握刀姿势1

图4-22　错误握刀姿势2

图4-23　错误握刀姿势3

图4-24　表面螺旋纹

图4-25　柱体歪斜

图4-26　刀不锋利

思考题

1. 制种机和工具刀的正确使用方法是什么？

2. 如何用制种机制作出一件葫芦形酒瓶石膏容器？

5 实验四：手工制作石膏容器母模

手工制模主要有手工铸箱旋转成型、手工实心雕刻成型、借助辅助物包裹成型等，其成型方法根据造型而定。

（1）手工制作母模常用技法

① 捏塑。先用细陶泥捏制成实心容器，然后制成反转模，再通过反转模制成石膏母模和若干套工作模具。

② 翻印。借助塑料瓶容器、棉绳、麻布、竹席、纤维、石头、朽木或自然界各种植物、生活用具、生产工具等不吸水的物件进行肌理压印、浇注或翻模，使容器表面形成各种相应的形状和装饰肌理效果（图5-1、图5-2）。完整的容器最好先分割成两半，用透明胶带粘好，再进行注浆，待石膏浆变硬后打开胶带和模型即可形成与模型内模一样的形状。

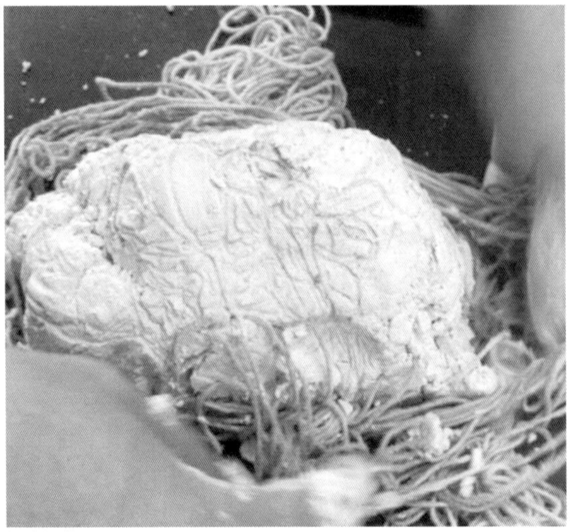

图5-1　自然物印模

图5-2　借助辅助物包裹成型

③ 雕刻。雕分为浅浮雕和深浮雕两种，刻分为阴刻和阳刻两种。主要指用刻刀或刨刀等工具对容器进行形体块面的雕刻和纹饰图案表现。

④ 镶嵌。在车制或雕刻好的容器表面（头、肩、耳、身、底等部位）进行点、线、面、几何体块、抽象形体或动植物造型的镶嵌装饰。

⑤ 镂空。用雕刻工具对容器进行镂空处理，使器物更加虚实相生。

⑥ 刮削。用刨刀、刻刀、刮刀等工具对石膏容器形体进行刮削（图5-3、图5-4）。

⑦ 切割。用钢锯条等工具对形体进行切割（图5-5）。

图5-3　工具刮削

图5-4　工具凿削

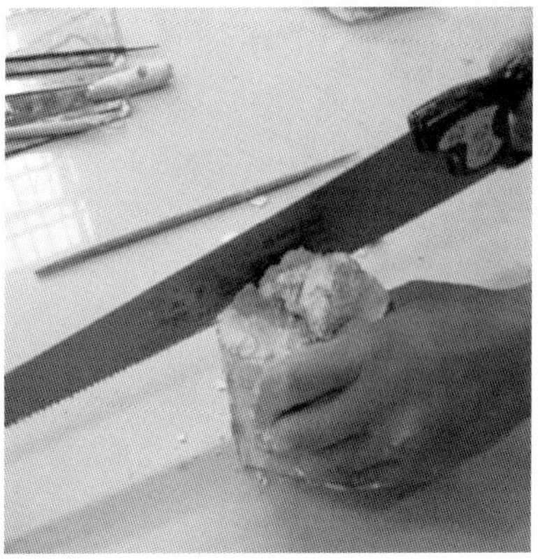

图5-5　钢锯条切割

⑧ 黏结。用新调制好的稀石膏浆将容器上下两段或把、流等附件进行黏结。

⑨ 锉削。用平锉、方锉、三角锉、半圆锉、圆锉或铁、竹、木等工具对石膏容器大形或模具进行修整或表面处理。

⑩ 打磨。用不同型号的水砂纸对容器表面进行打磨使其平整，也可以将石膏块放在砂轮切片上打磨。

⑪ 木箱转轴旋转成型。该方法是指在没有制种机器设备的情况下，采用自制的带转轴的木箱，内安装切割好形状的木板，将石膏多次涂抹并旋转削出所需的同心圆容器模型。

操作安全及注意事项如下：

① 掌握各种工具刀的正确操作方法，防止发生意外。手工雕刻时通常将石膏容器放在软质材料上，容器前端顶在固定物上，左手抵在容器底端，右手握工具左右推进进行雕刻或切削，注意手不能放在工具刀前进的方向上。

② 石膏粉对人的呼吸系统具有一定的危害性，操作过程中须佩戴防尘面罩，保持室内通风。

③ 石膏废料属于工业垃圾，对环境有一定的破坏性，须妥善处理。

④ 石膏浆的调配尽量选择在户外水源进行，水池中易沉淀石膏浆而堵塞下水道。

（2）酒瓶石膏容器的纯手工雕刻操作流程

酒瓶石膏容器的纯手工雕刻操作流程如图5-6（a）~（l）所示。

（a）取塑料盆接上适量的清水，将石膏粉均匀撒入盆内。

（b）静置3分钟左右，将表层清水倒掉，使留存物如同奶油状。

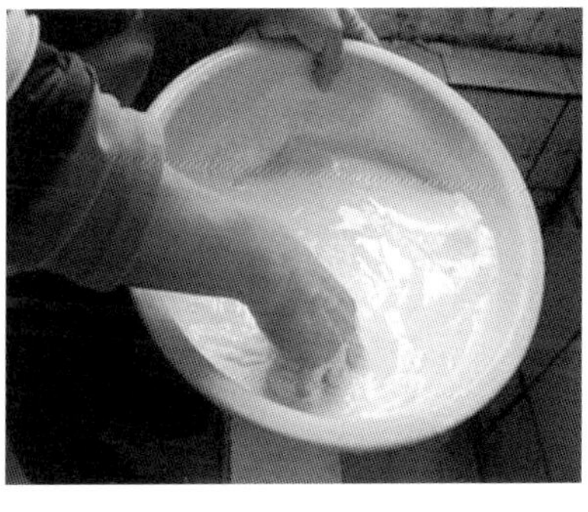

（c）沿同一方向搅拌约3分钟，将石膏浆从高处流下，如果石膏浆开始出现断线即可注浆。

（d）将调制好的石膏浆注入模围内。静置7~10分钟，待石膏初凝后打开外围。

（e）在半小时内，用刨刀、钢锯条、铁锤等工具迅速雕刻出容器各个面的大致形状。

（f）对石膏容器进行深入加工，逐渐雕刻出酒瓶的大形。

（g）对各个面进行修整。注意看瓶贴位置、手握位置、瓶口位置等是否得体。

（h）处理好各个面的转折关系，凹面部分要大于90度角，防止翻制过程中发生卡模现象。

（i）用锯条、刻刀等工具雕刻石膏容器口部。

（j）根据需要用刻刀雕刻石膏容器表面装饰图案。

（k）用水砂纸对石膏容器表面进行抛光处理，对容器整体进行修整。

（l）石膏容器母模制作完成。

图5-6　酒瓶石膏容器手工雕刻操作流程图示

（3）香水瓶石膏容器的纯手工雕刻操作流程

香水瓶石膏容器的纯手工雕刻操作流程如图5-7（a）~（l）所示。

（a）借助纸盒模型浇注出一个石膏块。

（b）采用雕刻或复写纸等方法将比例为1：1的图样转印在石膏面上。

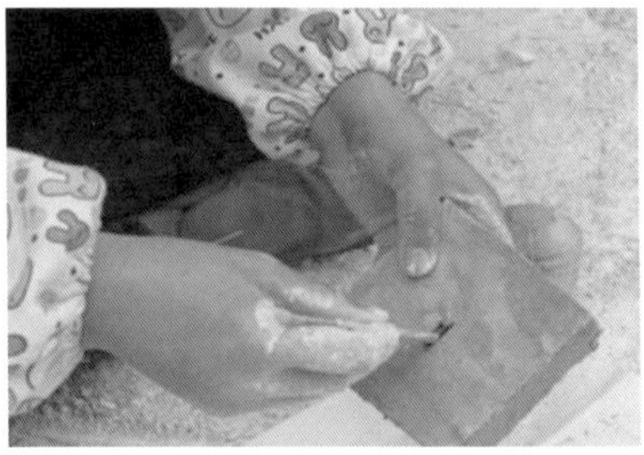

（c）用刻刀在石膏板上进行雕刻。

（d）在10分钟内用刨刀、钢锯条等切割出容器的大致形状。

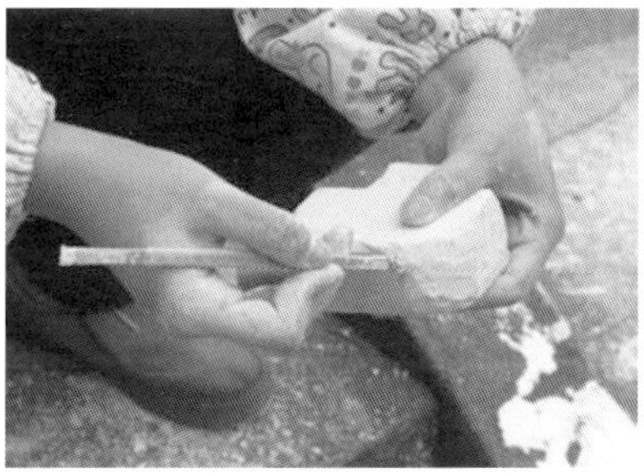

（e）用刻刀进行细部雕刻。

（f）确定装饰纹样的起伏变化关系。

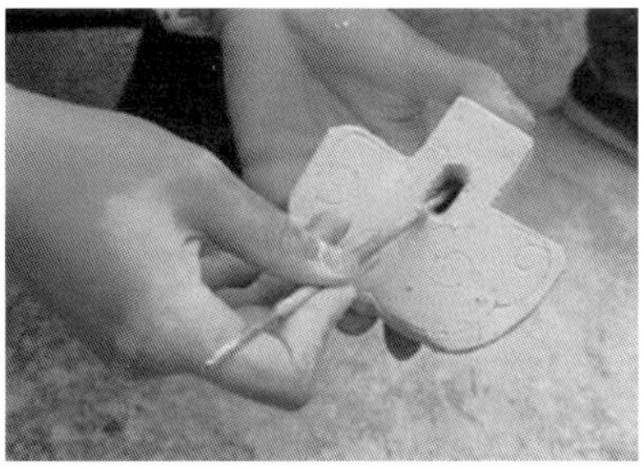

（g）雕刻出吸管所在部位的瓶颈部分形状。

（h）用斜刀雕刻出云纹之间的起伏变化。

（i）对线条边缘逐渐进行修整，使其变化自然，表面形体转折光滑流畅。

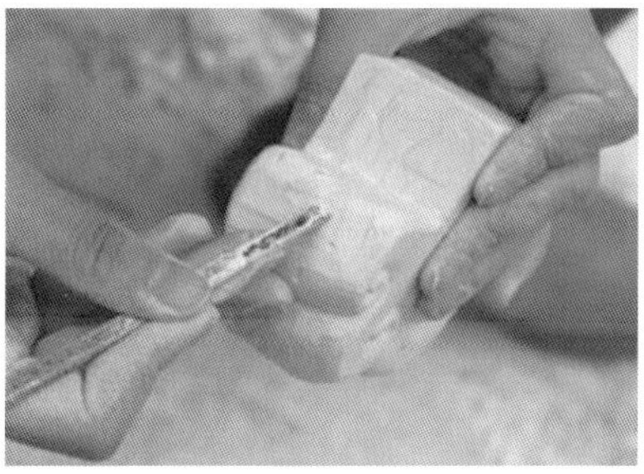

（j）用刻刀修整容器的侧面。

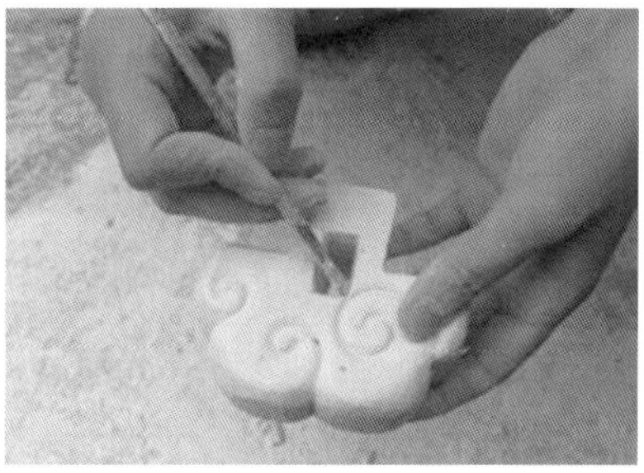

（k）检查各个面之间的转折和呼应关系。

（l）雕刻基本完成。待24小时后用水砂纸的正反面分别进行抛光打磨。

图5-7　香水瓶石膏容器手工雕刻操作流程图示

（4）手工制作中轴线对称型石膏容器母模

手工制作中轴线对称型石膏容器母模的操作流程如图5-8（a）~（l）所示。

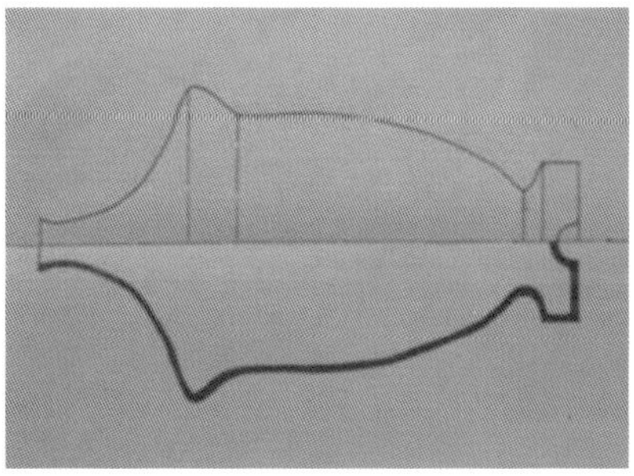

（a）绘制出所需制作的容器实际尺寸的正视图。在曲线锯上沿粗黑线处切割出一块大小一致的木板。

（b）用防水的厚木板制作一个长方形铸箱，在两侧中上部对称钻孔后穿一根带把的转轴，转轴要水平，不能晃动。

（c）根据转轴的位置，将铸箱的三边加木条进行支撑固定。型板和摇杆要在同一水平面上。

（d）放好缠有布条的转轴，用C形卡尺进行固定。轴和木板在同一水平面上。

（e）用手动电钻将木板固定好。

（f）将切割好的有机板或铁板放在铸箱一侧的支撑面上，并且固定好。

（g）调少量石膏边涂抹边旋转，注意转动时间要慢，防止石膏浆掉落。

（h）石膏浆注浆接近型板后，开始进行形体的塑造。一次不要调太多，一般需要调制5~7次石膏浆才能制作完成。

（i）待石膏浆稍微初凝时，逆时针方向旋转转轴使其各部位重量基本一致。

（j）逐渐修补缺陷部位。石膏浆一次不要调制太多，要分次进行注浆，防止造成浪费。

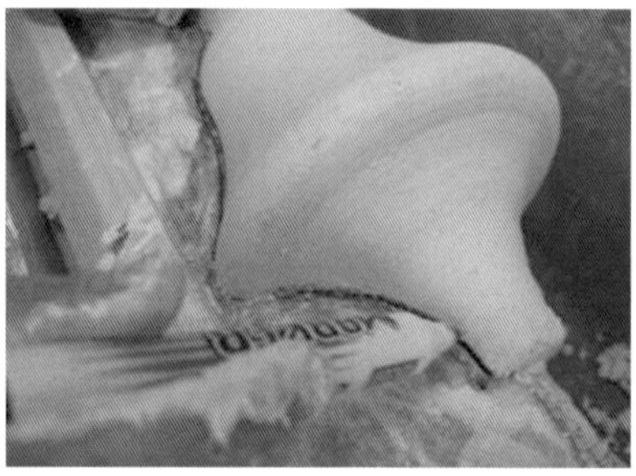

（k）一般要先中间后两边，或者先两边后中间，便于手握。

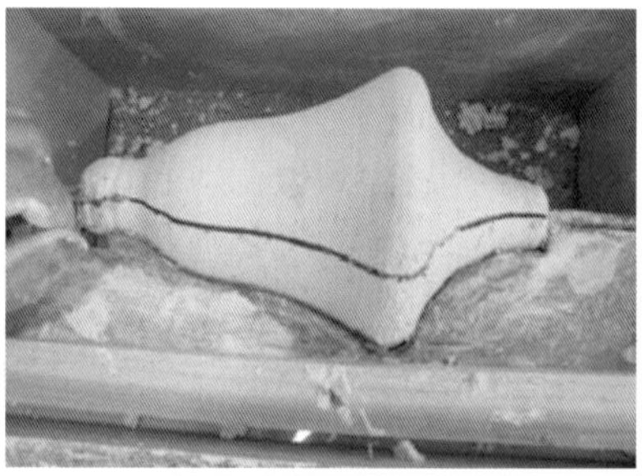

（l）制作完成后从铸箱内将石膏模型取出，拔出转轴，即可完成石膏母模制作。

图5-8　手工制作中轴线对称型石膏容器母模操作流程图示

（5）半机器半手工制作规则型石膏容器母模

半机器半手工制作规则型石膏容器母模的操作流程如图5-9（a）~（e）所示。

（a）在车制好的石膏模型表面贴油泥并雕刻出所需要的花纹效果。

（b）对翻制出来的模型表面图案进行加工处理。

（c）翻制出石膏母模初样，放在海绵垫上进行检查对照，确定需要修改的部位，用刻刀进行轮廓线的雕刻。

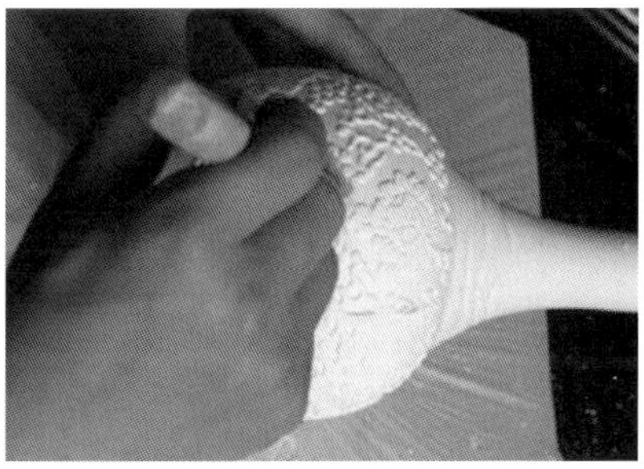

（d）用工具刀进行花纹边缘的修整。

（e）检查花纹图案是否轮廓清晰，然后用制作完成的石膏母模进行注浆用工作模的制作。

图5-9 半机器半手工制作规则型石膏容器母模操作流程图示

（6）石膏浮雕板的手工制作

该方法可用于容器表面装饰浮雕、动物造型等形象的印制完成后，再贴塑到容器表面进行装饰，使浮雕形象规格统一，适合批量化生产需求。具体操作流程如图5-10（a）~（h）所示。

（a）根据纸张大小进行石膏板制作。

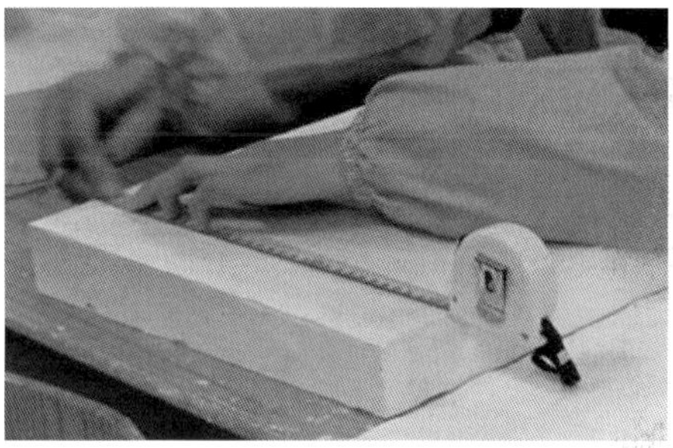

（b）在石膏板上用铅笔画出四边的尺寸。

（c）将图稿位置固定好，用铅笔沿图稿的轮廓线进行勾勒。

（d）依次将图稿勾勒完整。可以揭起一角检查笔痕轻重情况。

（e）认真检查画面是否勾勒完整。

（f）用雕塑刀、刮刀等对轮廓线内部分进行雕刻、打磨。

（g）也可以将图案以外的部分去掉，形成阳刻效果。

（h）图稿设计时要有立体感，最好能体现出形体的空间变化关系，便于雕刻时进行参照。

图5-10　石膏浮雕板制作流程图示

（7）借助辅助物进行石膏母模手工制作

借助辅助物进行石膏母模手工制作的操作流程如图5-11（a）~（h）所示。

（a）将与图纸造型接近的塑料饮料瓶剪成两等份，再用透明胶带粘好，将调好的石膏浆注入容器中。

（b）待石膏初凝后，将塑料饮料瓶的胶带撕开。

（c）沿塑料瓶的开口处往下轻轻剥开。

（d）打开塑料瓶模具的一半外壳。

（e）继续打开另一半塑料模型。

（f）将浇注成的石膏容器母模从塑料模具中取出。

（g）浇注完成的基本形体。

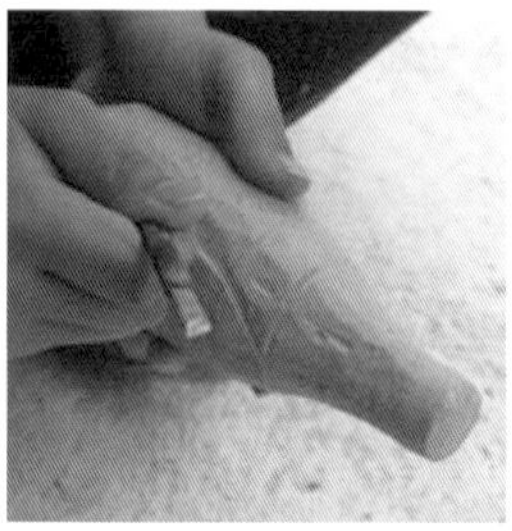

（h）用雕刻刀进行雕刻加工。

图5-11　借助辅助物进行石膏母模制作流程图示

思考题

1．制作石膏母模的方法有哪些？

2．制作石膏容器母模的一般操作步骤是什么？

6 实验五：石膏容器反转模制作

反转模是指将陶制的母模原型翻制成石膏母模所用的中间过渡模。其容器母模造型通常采用黏土、陶泥、瓷泥、蜡等易于塑造的材料。原型为黏土材料的可以在制作好反转模后，用雕塑刀等工具将其挖掉，通过反转模浇注出石膏母模，然后通过石膏母模翻制出若干套印坯模或注浆模。

（1）局部对称容器的反转模制作流程图示

局部对称容器的反转模制作流程如图6-1~图6-3所示。

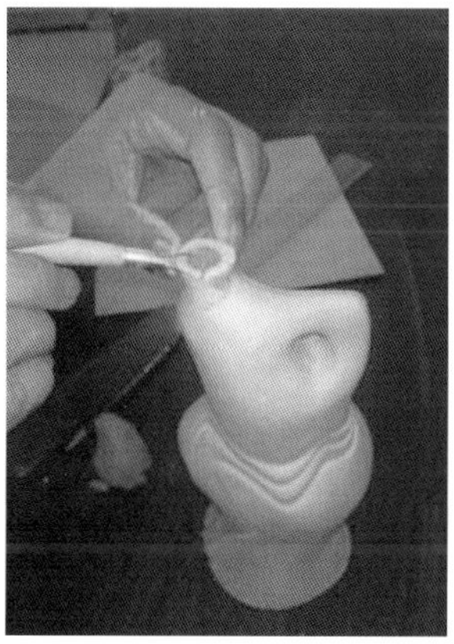

（a）用泥制作出实心容器，抛光表面，裸露放置24小时使其变硬。

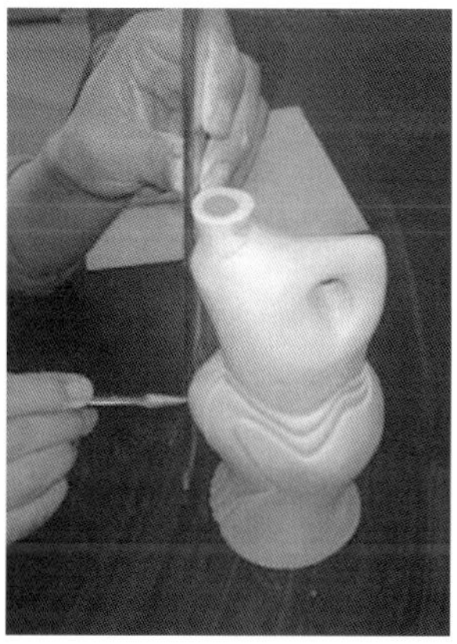

（b）用直尺和铅笔将容器的中轴线画出。

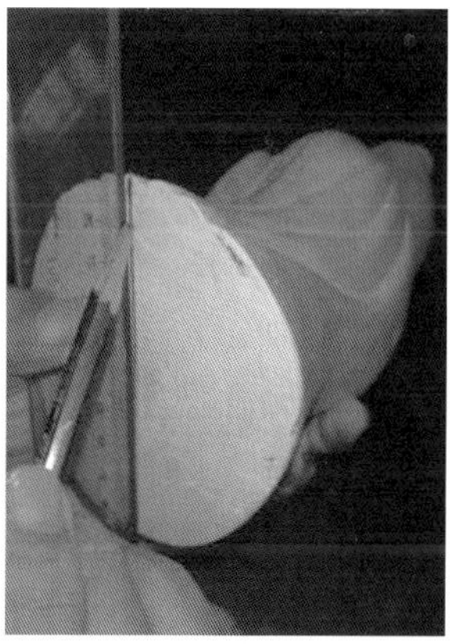

（c）底与口及器身两侧的线要保持在同一水平线上。

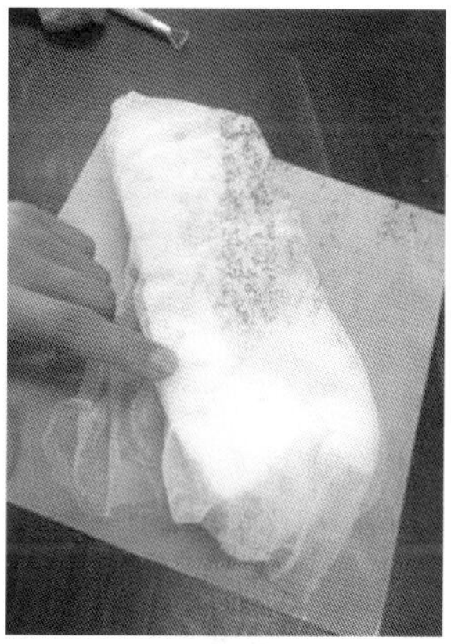

（d）在工作台上铺一块裹有塑料布的海绵，防止泥坯因自重而变形。

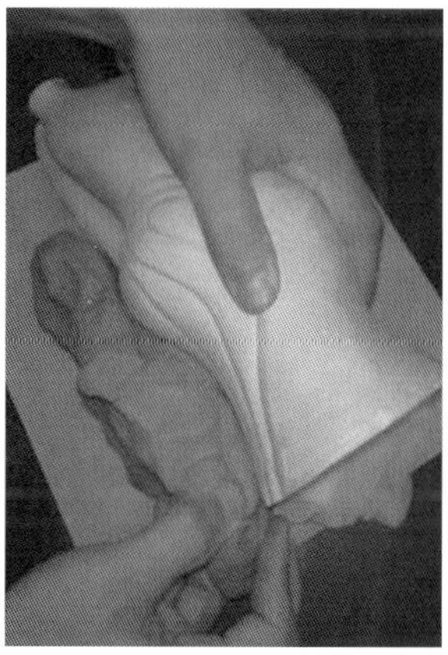

（e）用泥片将容器的一侧封好，注意泥片不能超出画线。

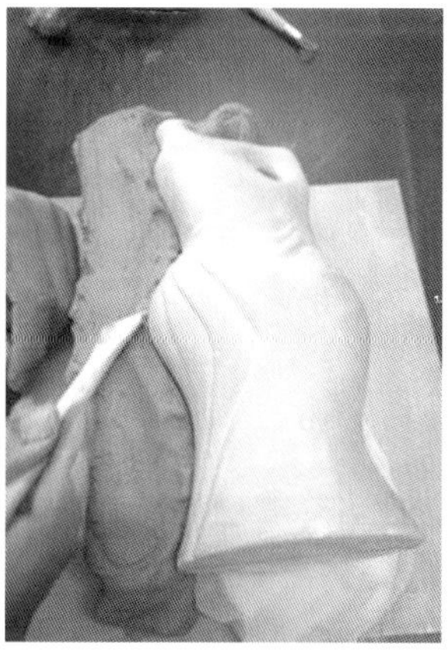

（f）用工具刀将合缝线压平紧。

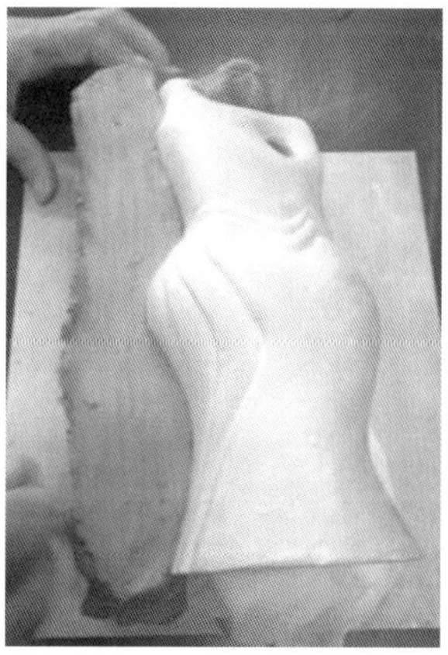

（g）制作容器的两侧。

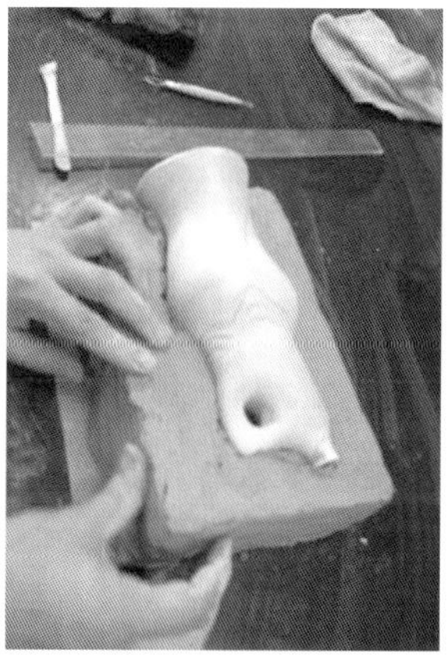

（h）将容器的另一侧也压好。

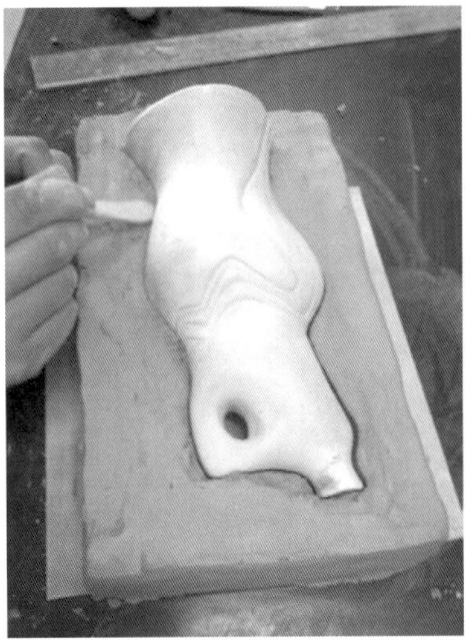

（i）修平整合缝面，泥面要与容器上的中线保持同一水平面。

（j）将容器的小孔也封好泥，制作出卡槽。

图6-1　局部对称容器的反转模制作流程图示一

（a）将容器四周用挡板围成铸箱，边缝、外转角处用泥块贴紧。

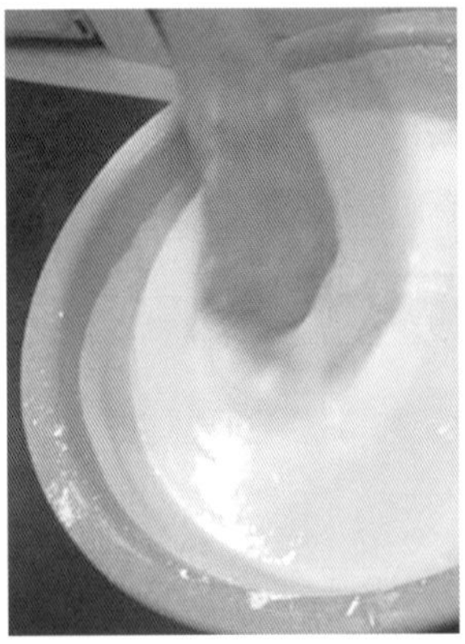

（b）调制石膏浆。为避免开模时伤及母模，可采用带色石膏浆先浇注。

（c）从高处往低处浇灌石膏浆。

（d）待石膏初凝后打开挡板。

（e）趁石膏未硬之前进行大形修整。

（f）依次将各面修整好。

（g）将模型拿起，取出海绵。

（h）将泥片从石膏模上取下。

（i）进行表面余泥的清理。

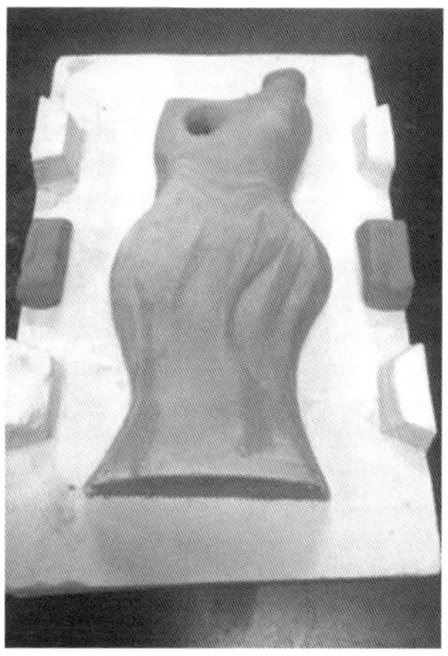

（j）清理完毕的效果。

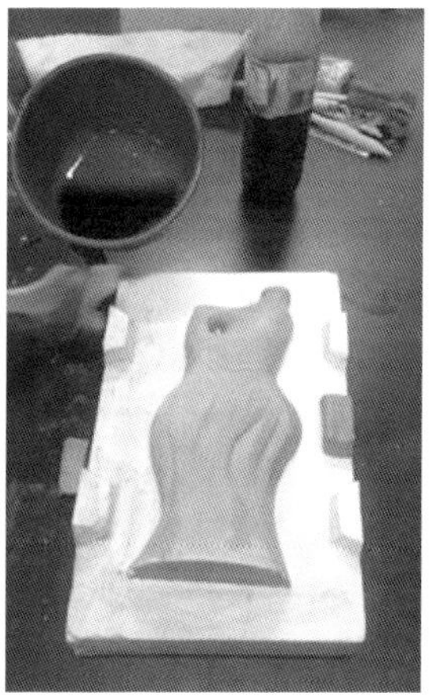

（k）在石膏面上涂脱模剂。

（l）将挡板继续围好。

（m）将肥皂在水中研磨成乳液状，用羊毛刷涂于石膏面上。

（n）浇注石膏浆，厚度以3~5厘米为宜。

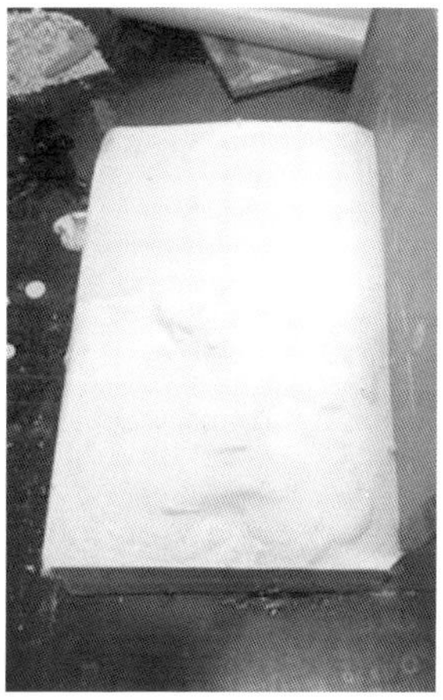

（o）等7~10分钟，初凝后打开模型。

（p）修平整各面，找到合模线。

（q）去掉石膏模上的泥片，打开反转模。

（r）开模后的效果。

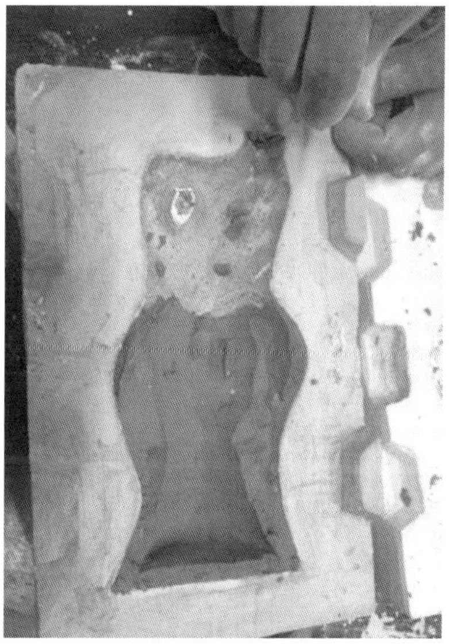

（s）用泥塑刀清理反转模内泥坯，注意不能损伤内壁。

（t）用抹布进行内表面的清理，去除杂质和余泥，对有缺陷的部位进行适当修补等。

（u）修出注浆口。

（v）配制脱模剂（肥皂水）。

（w）将脱模剂均匀刷于内模壁上。

图6-2　局部对称容器的反转模制作流程图示二

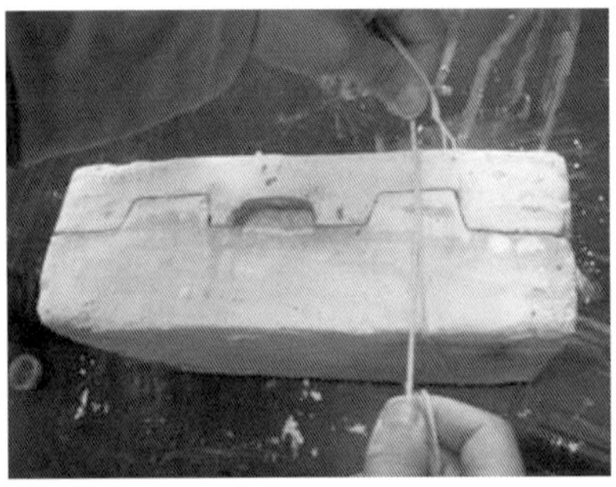

（a）系紧绳子准备注石膏浆。

（b）将注浆口朝上水平放置在桌面上。

（c）正确调配石膏浆。

（d）将石膏浆倒入模具内。

（e）石膏浆要高出模具高度为宜。

（f）将外表面的形体进行调整，找出合缝线。

（g）尝试进行开模。

（h）用铁锤和钢刀切割石膏板。

（i）注意原始母模的位置。

（j）将模具取下。

（k）用铁锤轻轻敲打模具，使其脱模。

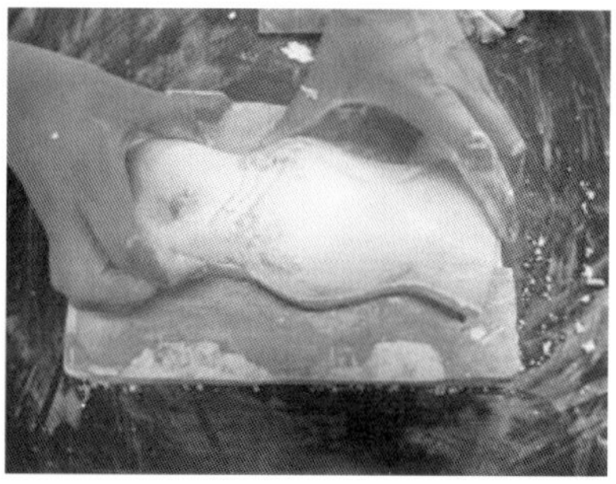

（l）轻轻摇晃石膏坯体，使其离模。

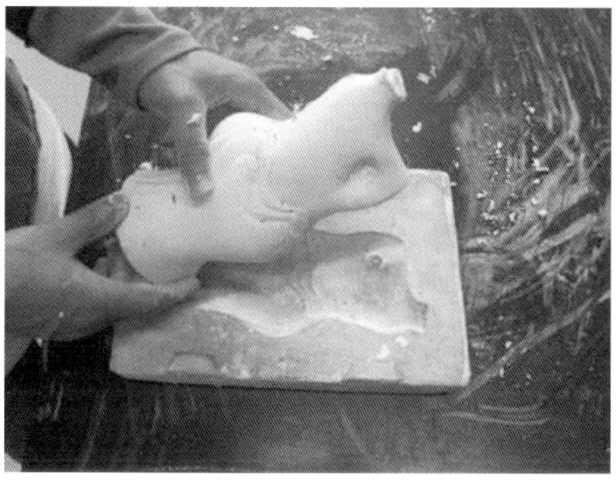

（m）检查合缝线和纹理情况。

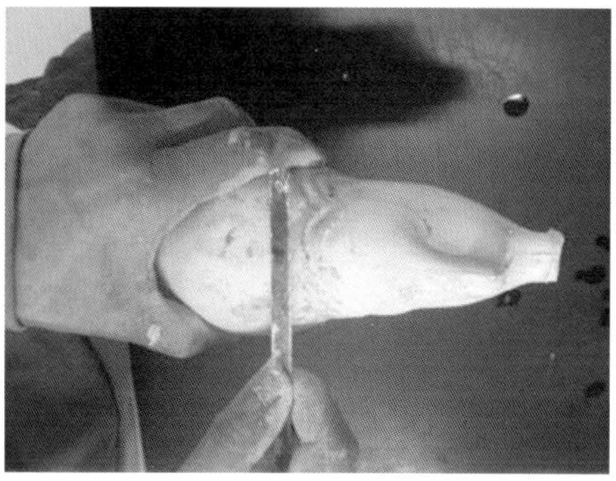

（n）用钢锯条对模型的外轮廓表面进行细微修整。

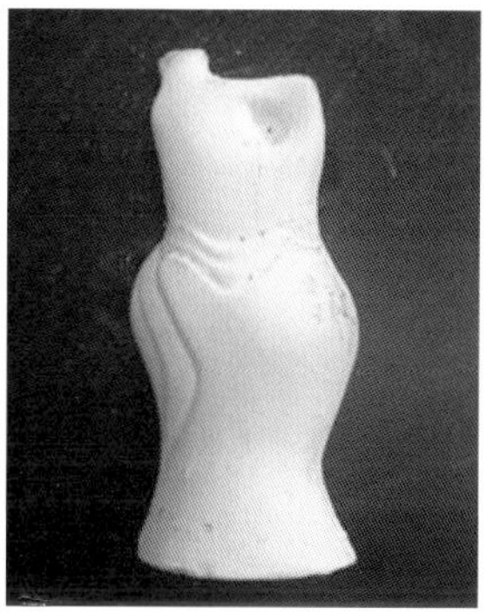

（o）通过反转模制作完成的实心石膏母模。

图6-3　局部对称容器的反转模制作流程图示三

（2）操作注意事项

① 当打碎反转模型时，要注意其母模的位置。为便于判断，可以采用与母模色泽不一样的石膏浆先浇注一层，再接着浇注白色石膏。调制带色石膏浆时，要先将颜料加入水中，再加石膏粉。

② 在进行石膏浆浇注时，要检查铸箱的挡板是否合好无缝，防止石膏浆流出。

③ 开模时可以从底部先挖掉一部分泥料，再施加压力打开模型；或者先挖个小孔，将水杯接满水使其不停溢出，流到泥坯孔中，泥坯吸水湿润后发生膨胀，约几分钟后则可以开模。注意水不能够流到石膏模上，防止产生小孔。

④ 可用新调的石膏浆修补翻制过程中产生的缺陷部位，对模型不够准确的部位进行雕刻打磨，用水清洗干净模型。

⑤ 大型石膏模可以采用空心母模翻制，以减轻模型重量。在捆扎好的石膏模表面还可以采用麻线等浸石膏浆进行黏结捆绑。

思考题

1．简述石膏容器反转模制作的一般工艺流程。

2．反转模制作过程中的注意事项有哪些？

7 实验六：石膏容器印坯模制作

(1) 瓶容器印坯模的制作方法

瓶容器印坯模的制作方法如图7-1（a）~（j）所示，具体操作流程如下：

① 将容器涂洋干漆后晾干，用油性笔画出中分线，平放在台面上，用泥片将容器中线以下部分贴好，压平整合缝面。

② 将容器四周用砖、木板、泥片等材料围裹紧并用绳系好，注意不能有缝隙，防止石膏浆流出。

③ 浇注出上面的一半石膏模型。待硬化后打开模围，取出容器，去掉容器表面包裹的泥片，将容器表面清理干净，在四周制作圆形或梯形榫孔。

④ 将容器放在刚翻制好的模具内。

⑤ 将模型四周用砖块围好并用橡胶带系紧。

⑥ 在容器和模型的接触面涂好脱模剂。

⑦ 继续浇注出另一半石膏模型。

⑧ 静置7~10分钟，使石膏浆自然凝固，同时迅速将桶清洗干净。

⑨ 打开模围，并清理好外表面。

⑩ 待石膏硬化后轻轻打开模型。

⑪ 将翻制好的印坯模晾干待用。

（a）母模涂洋干漆，画好中分线。平放后，用泥片贴好下半部分。

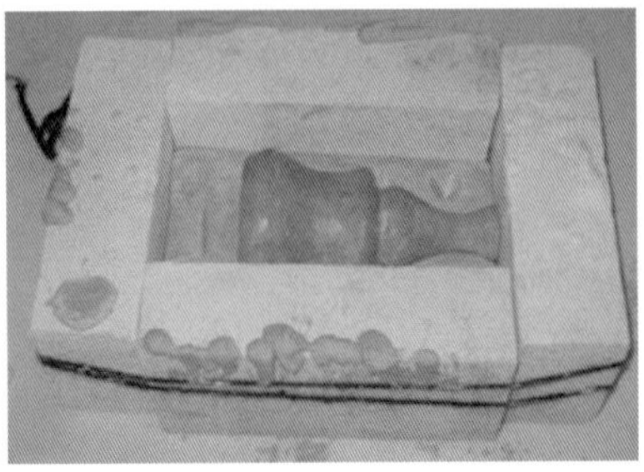

（b）用砖围好并用绳系好。

（c）翻制出上一半模型。

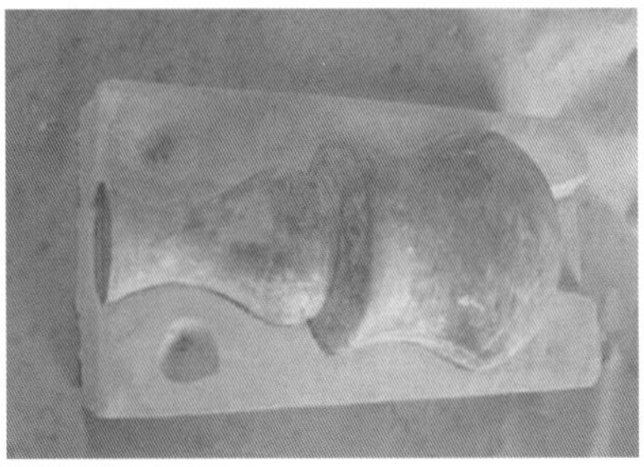

（d）将容器放入模具内。

（e）将接触面都刷好脱模剂。

（f）静置7~10分钟使其凝固。

（g）打开模围，修整平表面。

（h）打开模型。

（i）完成效果。

（j）成品效果。

图7-1　瓶容器印坯模制作图示　唐巧虬

（2）容器印坯模的使用

容器印坯模的使用方法如图7-2（a）~（t）所示。

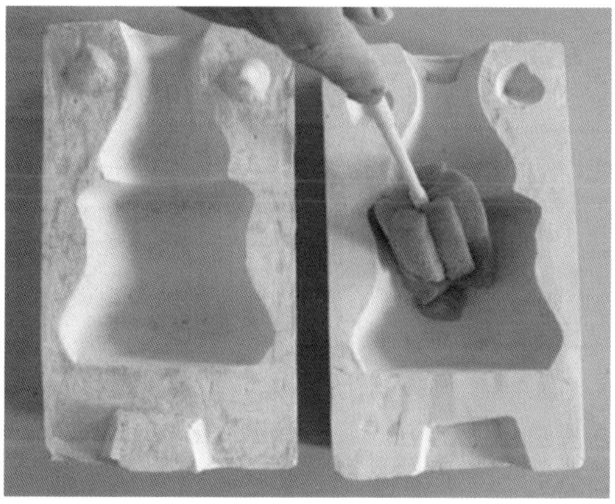

（a）将印坯模的内表面用毛刷清理干净。

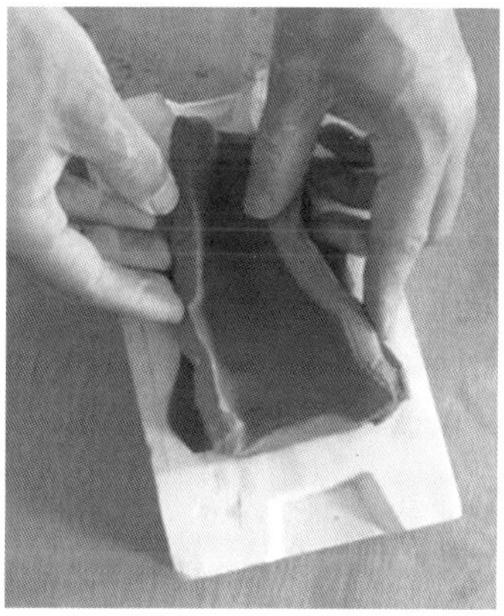

（b）将压好的泥片进行贴敷。

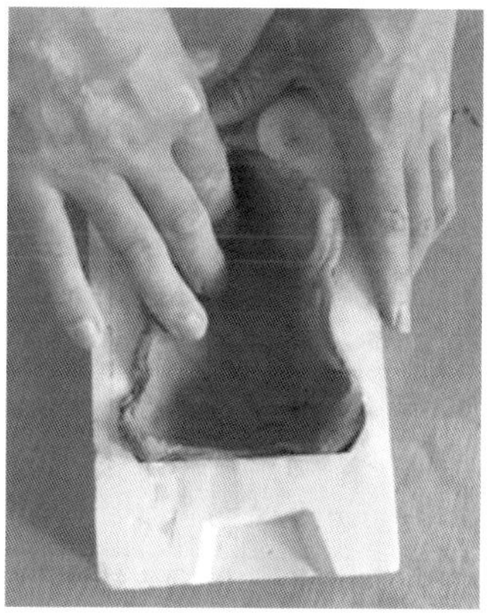

（c）将各部位贴压紧。

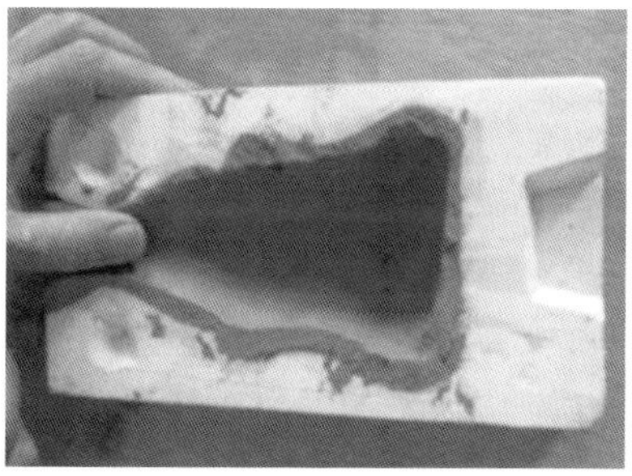

（d）用工具刀修平接口面。

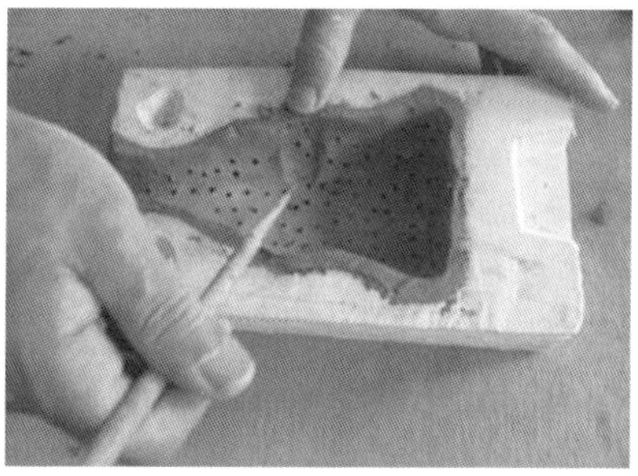

（e）用陶针检验泥层厚度是否均匀，有无气泡。

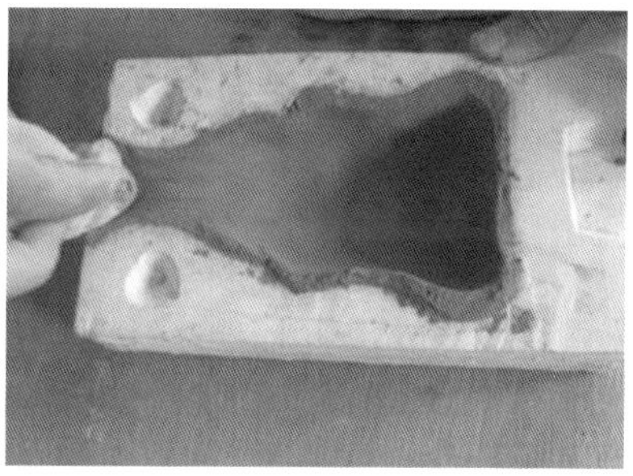

（f）用海绵团将内表面压紧。

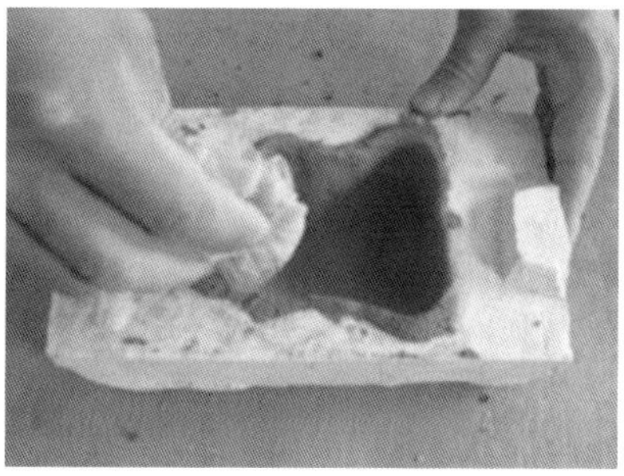

（g）修整合缝线等细节部位。

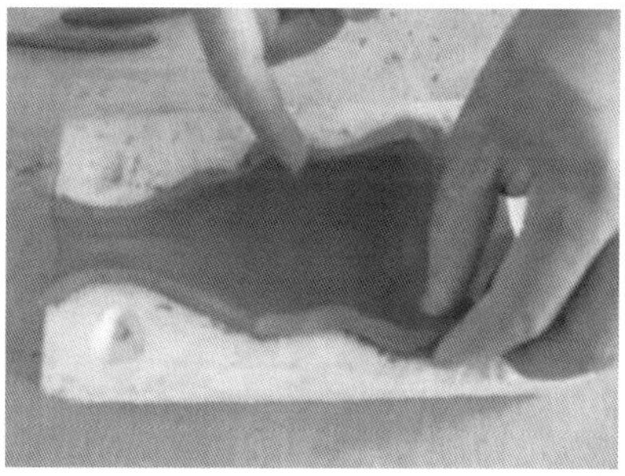

（h）在合缝面压一根泥条。

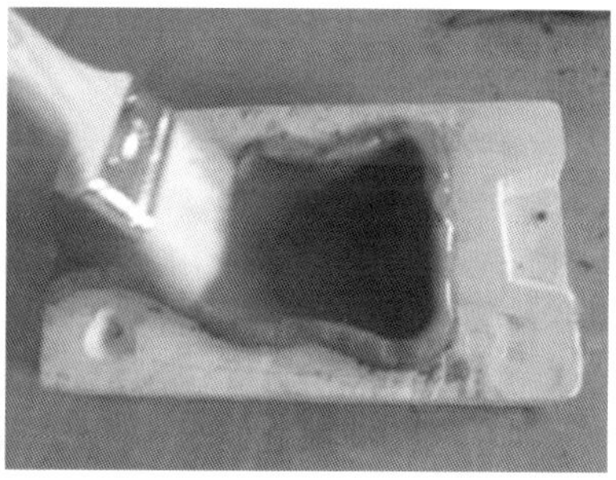

（i）刷一层泥浆供黏结坯体用。

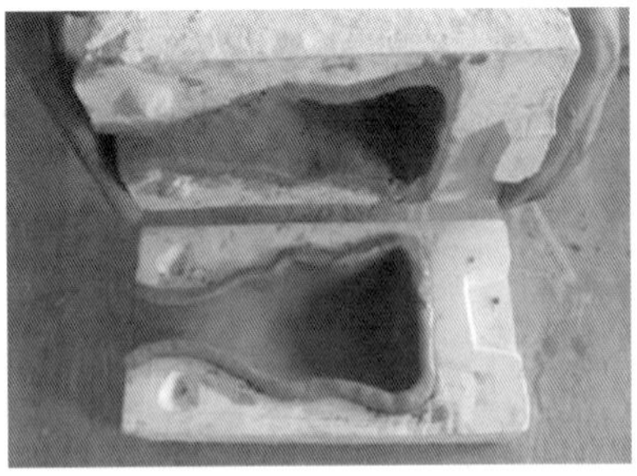

（j）将模具沿同一方向摆放好。

（k）将上下位置对准后进行合模。

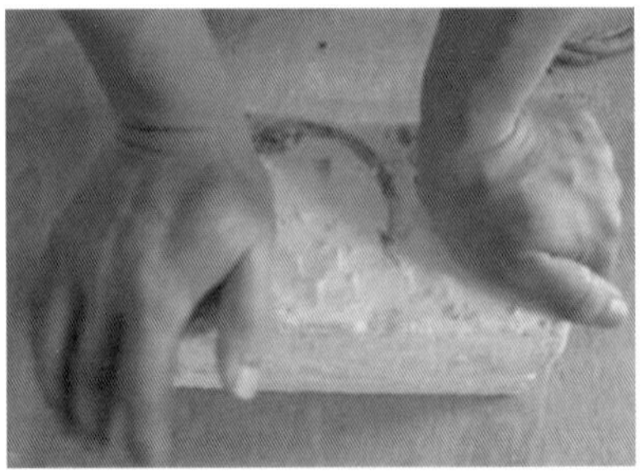

（l）双手均匀用力压紧。

（m）将口的内部黏结紧。

（n）用绳子将模具捆绑好。

（o）口朝上放置，切割口部余泥。

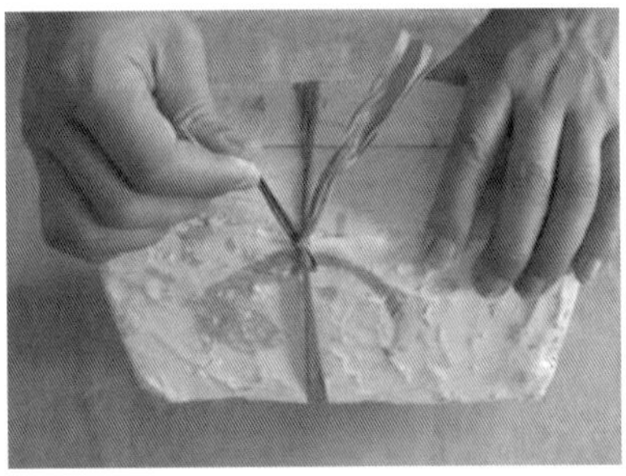

（p）20分钟左右后从模型口检查坯体收缩离模情况。

（q）将模具放平，先轻轻向上打开一半。

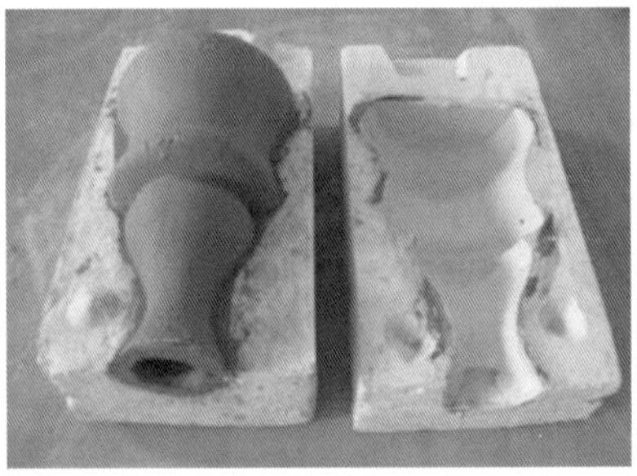

（r）让泥坯在另一半模具中继续干燥收缩。

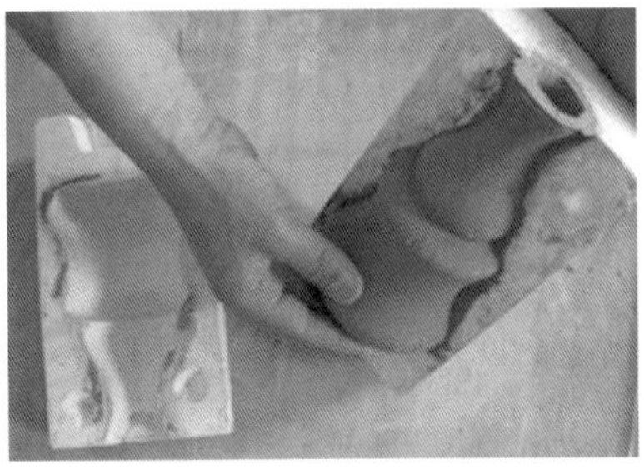

（s）待稍硬后将泥坯从模具内取出，进行合缝线修整。

（t）通过印坯模制作完成的空心容器。

图7-2　容器印坯模操作图示　郝建英

（3）罐形容器印坯模制作（双块模型）

罐形容器印坯模制作如图7-3（a）~（k）所示，具体操作流程如下：

① 画分模线。用尺子和油性笔在石膏容器表面画出中分线，底线、口线与身线要在同一平面上。

② 制作铸箱。用专用挡板或硬质防水板制作出围板。

③ 上脱模剂。检查模有无损坏，模围要打箍，模种和模围要对号，并用脱模剂反复擦光模壳部分。

④ 调配石膏浆。先放水，后放石膏，膏水配比要严格控制，通常为膏：水=1.2：1。测量方法为：粉与水面距离约1个食指关节为好；待石膏全部吸透水后（一般3~5分钟），方可倒掉上层清水；然后搅拌2~3分钟，排除其中气泡，使浆成为均匀的奶油状。

⑤ 注浆。在调好浆后开始注浆，不停地用毛笔搅动排除浆中气泡，最后刮平余膏。

⑥ 开模。静置7~10分钟，待石膏初凝发热后，及时取出模围。注意时间及用力要匀、平，不能扭动。

⑦ 检模。取出模型后认真检查成型面是否光洁、整齐。最后还要在模型的合适位置制作出注浆孔。

制作过程中的注意事项如下：

硬化后的新模，宜在60℃以下的空气中干燥，排出其中自由水，以进行注浆成型。对使用机轮成型的模型要与模座接口配合面进行卡模，其公差不超过±0.5毫米。口径大小不一、同心度不合的模型须报废。

（a）绘制底部分模线。

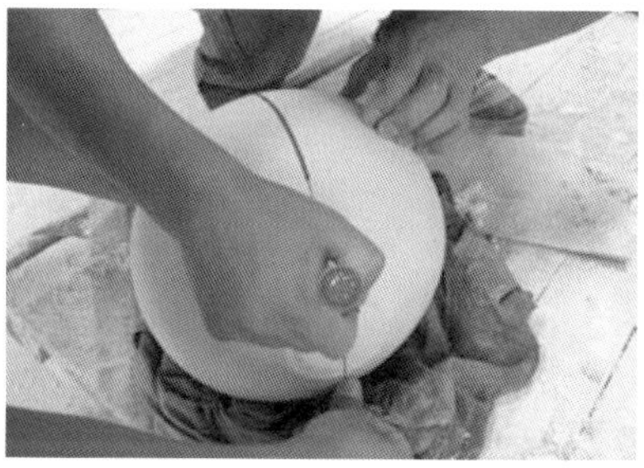

（b）绘制器身分模线。

（c）绘制完成效果。

（d）制作铸箱。

（e）浇注出分模线以下部分的模型。

（f）开模，修平整模型界面。

（g）进行卡槽制作，涂脱模剂。

（h）围好挡板，浇注上半部分模型。

（i）开模后取出母模待用。

（j）用翻制出的印坯模进行印坯。

（k）收缩脱模后取出泥坯自然阴干。

图7-3 罐形容器印坯模制作图示

（4）瓶形包装容器的印坯模制作

瓶形包装容器的印坯模制作流程如图7-4（a）~（j）所示。

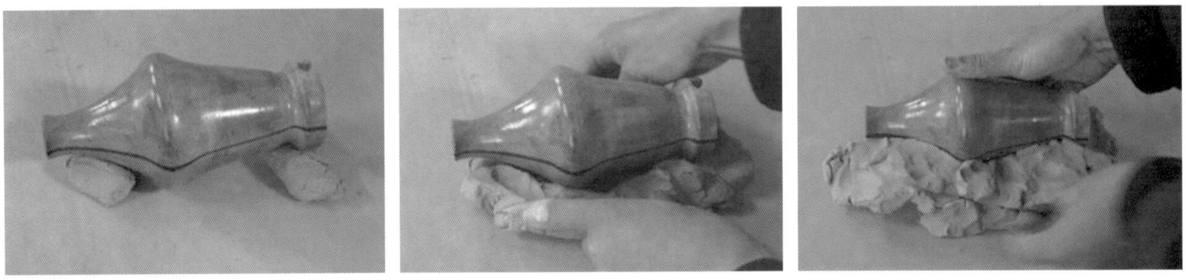

（a）将容器涂洋干漆和脱模剂后，画出中分线，使容器平躺并用泥块支撑使其悬空。用泥分别将合模线以下部分贴压紧。

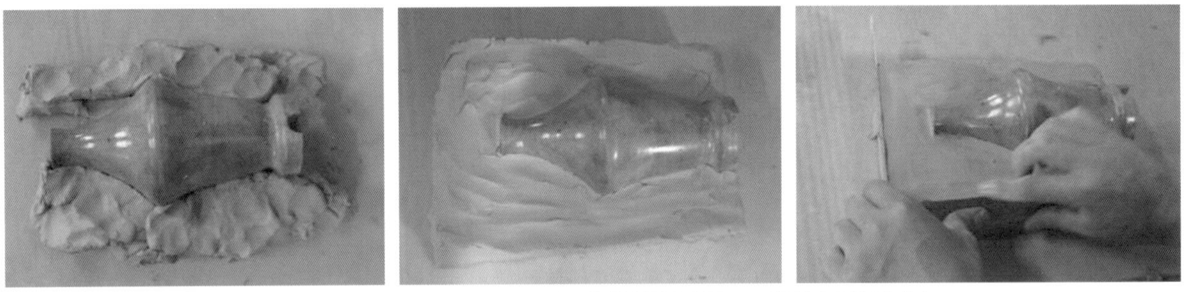

（b）逐渐将四边都用泥团进行固定，修平整合模面和侧面，要使其各侧面为直角。

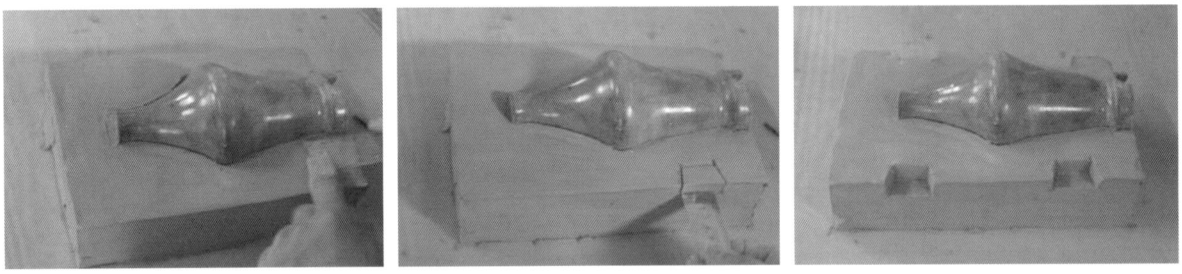

（c）用铲刀在泥模的两侧各制作出两个梯形凹槽，凹槽要上宽下窄，以方便脱模。

（d）在容器表面刷一层脱模剂，用四块围板将泥模的四周围好，不能有缝隙，用橡胶带系好。

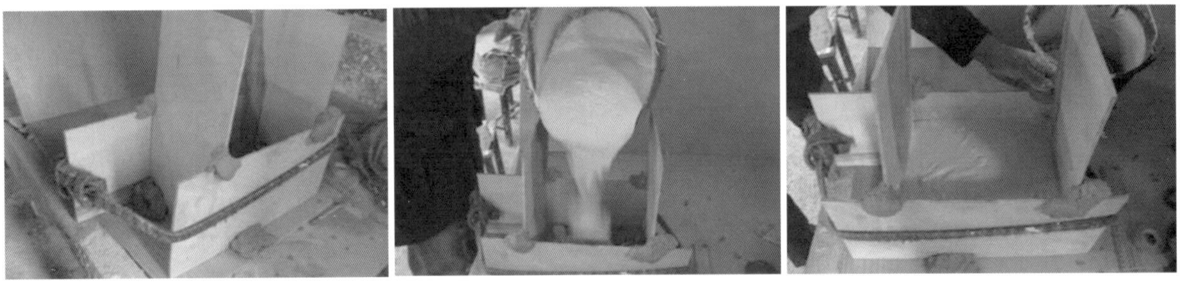

（e）检查完后，调制石膏浆进行第一次灌注，静置7分钟左右使石膏模块凝固变硬。

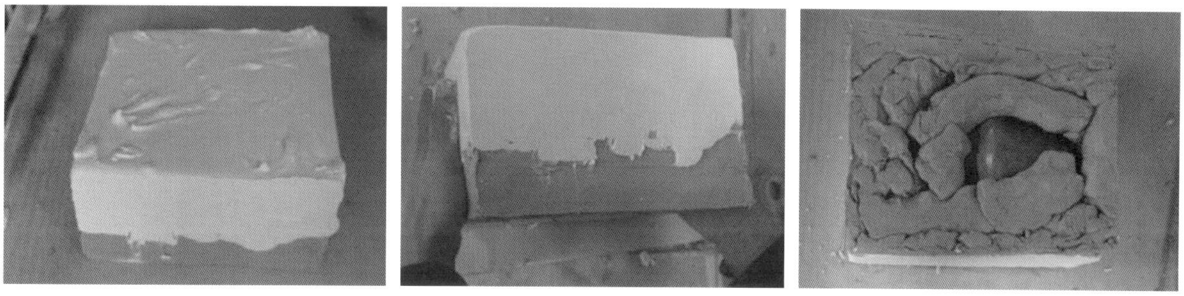

（f）打开围板，将模型和容器一起取出，倒置过来，去除泥团。

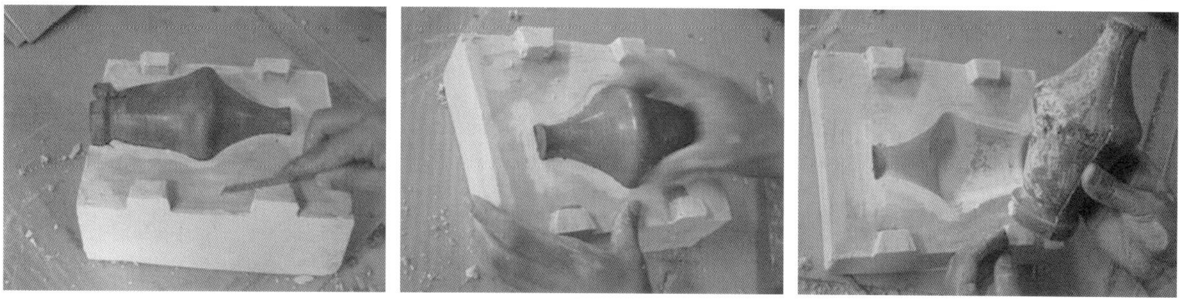

（g）修整石膏模型的合模面和各棱角，然后将石膏容器从模具中轻轻取下。

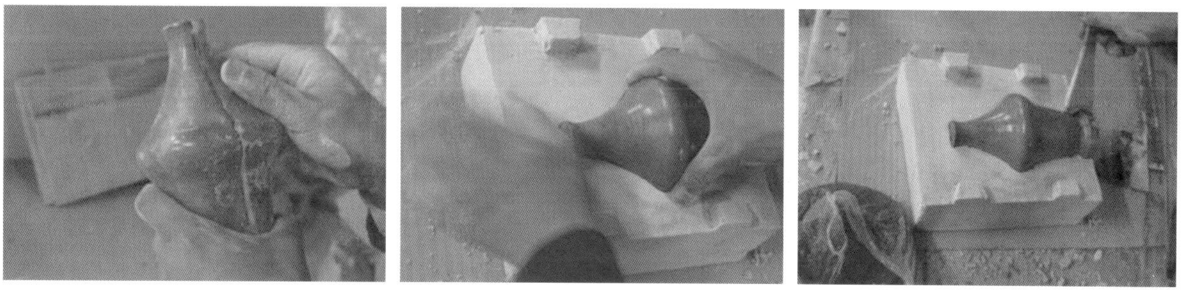

（h）清理容器表面的石膏块，将其放入已翻制好的一半模具中，在容器和模具上都刷好脱模剂。

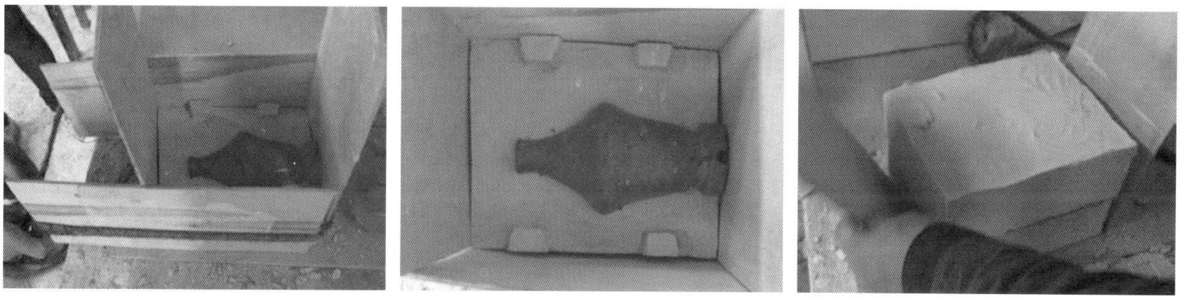

（i）重新围好围板，调配石膏浆，继续浇注出另一半石膏模具。

（j）从合模线处轻轻打开模具，检查模具是否完好，然后再按上面的方法制作出底模具即可。

图7-4　瓶形包装容器的印坯模制作图示　郝建英

8 实验七：石膏容器注浆模制作

不同地区、不同国家的陶艺工作者，在模具材料的使用上也各有不同。在进行石膏模型翻制的过程中，也可以尝试各种新的技术和方法，如根据不同的成型需要在石膏粉中掺入水泥等材料以增加其硬度。有的采用乳化聚氯乙烯模型，有的采用酚醛树脂、尿素树脂、环氧树脂等合成树脂材料黏合铝粉、铜粉等金属填料或石英粉、长石粉、素陶粉、匣钵粉、刚玉粉等无机填料制成模型，还有的采用快速凝结的混凝土制作成硬度较高的模型等。

在注制石膏模型时，为了防止子模（工作模）与母模（或模种）黏结，必须先在模表面涂上一层脱模剂。常用的脱模剂有植物油、煤油、肥皂水等。模型翻制时要考虑石膏的吸水性，吸水率的高低将直接影响注浆时的成坯速度。一般的陶瓷用石膏模吸水率为38％~48％。同时，还要考虑模具的注浆孔大小，口、把、嘴、盖、底等局部进行翻模的处理及合模线的准确绘制等因素。

为使泥浆不沉淀且具有良好的悬浮性，需要在泥浆中加入适量的碱性物质作为解凝剂。一般的解凝剂为碳酸钠和硅酸钠，解凝剂的加入量为干粉料重量的0.2％~0.6％，如果解凝剂加入过量，会起到相反的作用，使泥浆变得更加黏稠。其配方组成为：1千克干粉料，4~8升水，1~4克碳酸钠。一般水的用量占干粉料重的50％。也可以根据比重进行估算，通常为1.7~1.8。人们在注浆模（图8-1）制作过程中，也总结了各种不同的操作方法，主要有三种：

图8-1　石膏注浆模具

① 泥片封堵法制作方形注浆模。

翻制工作模时，可以在容器上画好模线后先用陶泥将模种的1/2以下部分包裹，借助泥模和外围挡板浇注出上面1/2的石膏模型，然后取掉泥模，将模种放入刚刚翻制好的石膏模内，在合模面上做好卡槽，刷脱模剂后，再浇注出另一半模型。此法的优点是减少了合模面的修整时间，对模种的保护性较好。如惠山泥人在制作好后，也是用石膏分块翻制出模型，然后进行印坯成型而制作出空心的泥塑品。在现代陶艺创作过程中，人们也尝试将黄瓜、南瓜、丝瓜等各种自然瓜果或钳子、锁等工具进行石膏翻制，或者直接借助已有的软塑料模型浇注等；人们还在注石膏浆时在模围内放入植物纤维、泡沫塑料、绳子等，使模具表面形成各种自然肌理效果；在石膏粉调配时掺入墨汁或水彩颜料，还能产生各种色泽纹理，具有独特的效果。

② 手工直接浇注法制作方形注浆模。

此种容器的注浆模制作方法都是以石膏材料直接在铸箱内进行浇注成型。其操作方法为先在制作好的模围箱内浇注一层厚度为3厘米的石膏浆，将刷有脱模剂的石膏容器放在刚刚浇注好的石膏板上，摆放平整，接着浇注出下面的1/2部分。注意石膏浆位与容器的中线相吻合即可。待初凝后用刮刀、刨刀等工具修平中线所在平面，制作出榫孔。清理干净表面后，在容器和石膏模面上都涂好脱模剂，合上围板，继续浇注出上面一半的石膏。最后翻转180度，取下原先浇注出的一半石膏模型，借助容器和上半边模型翻制出另一半石膏模型。简单地讲，该方法就是将第一次浇注的一半石膏模型作为过渡模，再翻制出一个完整的注浆模。其缺点是在处理合模面边缘线时容易损伤母模。

③ 半机器半手工法制作圆形注浆模。

该方法主要适合同心圆造型的容器，其优点是翻制出的容器模型厚度均匀，减轻了石膏模型的自重。操作过程为：将车制好的石膏容器放在修坯机的中轴线上，用透明玻璃纸围成圆柱状，模围与容器的距离约3~5厘米为宜。把石膏浆浇注在围好的圆柱体内，待石膏柱初凝后，打开模围，用修坯刀进行外形车修，使其成为一个标准的圆柱体。然后用钢锯条切割下来，将圆柱进行1/2等分画线后，用手钢锯等进行切割。为防止切割过度，可以略微在1/2线偏上部位进行切割，注意钢锯条在接近容器母模时要用心，防止锯伤母模。切割好后取下上半部分模型，取出母模，将石膏模具放在砂轮切片上，将切割面打磨平整。制作出榫孔。再通过修整好的一半模型和容器母模进行另一半石膏模型和底模的翻制。如果采用手工翻制，则需要在容器母模的表面先浇注一层带色的石膏浆层，再进行石膏浆浇注加厚，以便于切割时及时察觉是否接近母模。

（1）泥片封堵法制作不规则容器注浆模

该方法的操作流程为：在浇注石膏浆前，先用细陶泥片将容器的中线以下部分裹严实，尤其是中线所在的平面要平整和严密，防止浆液流出。接着制作出榫孔和手握部位，合上并系紧挡板后，在其上面浇注出中线以上的一半石膏模，打开模围，清理干净容器上的泥片，将容器放在已浇注出的石膏模内，涂好脱模剂，再翻制出另一半模型。制作注浆口，有的容器底部为内凹形的还要再制作一块底模，将分块模型组合后即可进行注浆。造型复杂的还要先翻制出若干块模型，再统一在两大块模型内。

泥片封堵法制作不规则容器注浆模的具体流程如图8-2、图8-3所示。

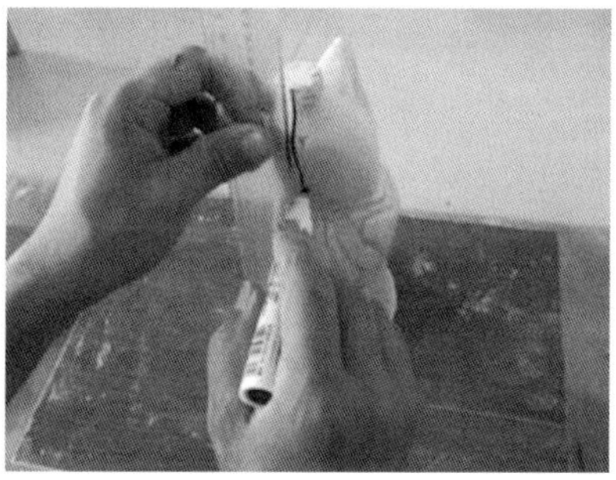

（a）用直尺和油性笔在石膏母模上画出分模线。

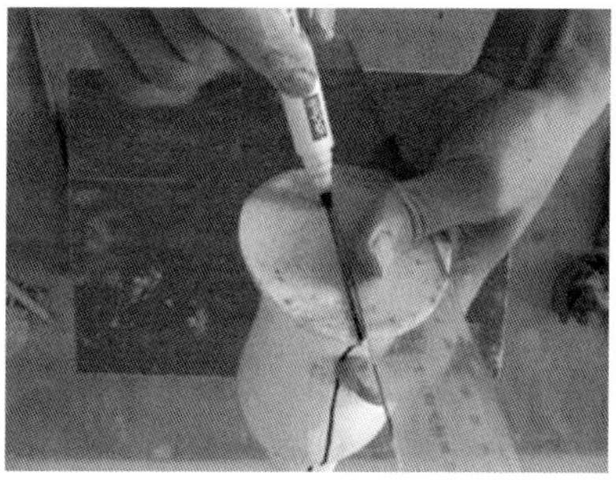

（b）侧面、顶面和底面的线要在同一水平面上。

（c）将模型平放在包有海绵的纱布上。

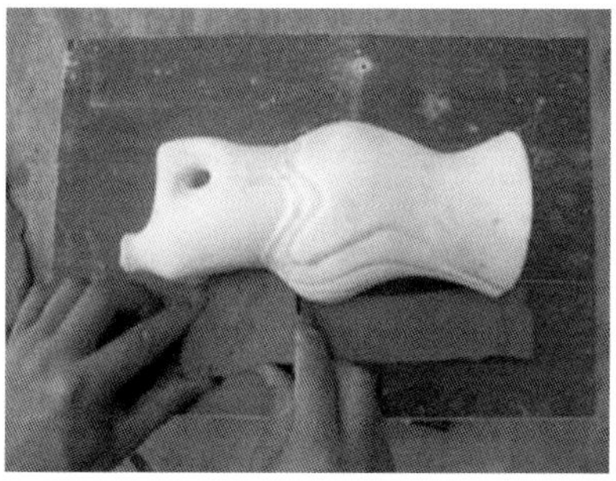

（d）用泥片进行包裹。

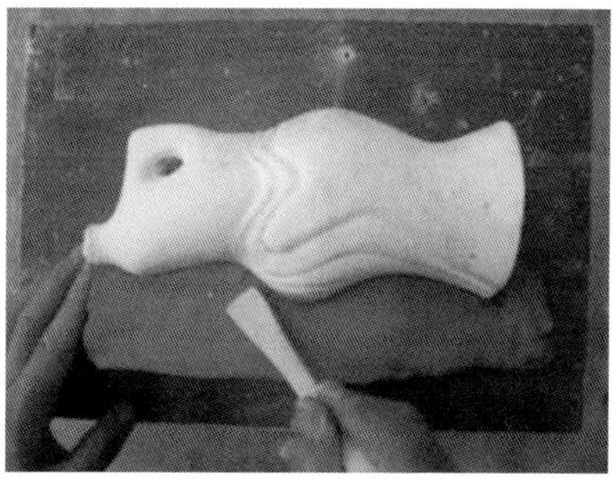

（e）用工具刀将界面压实、压平。

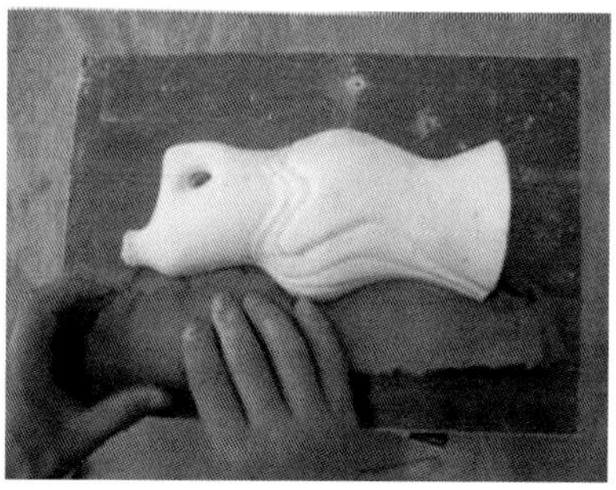

（f）泥片的平面与注浆分模线对齐即可。

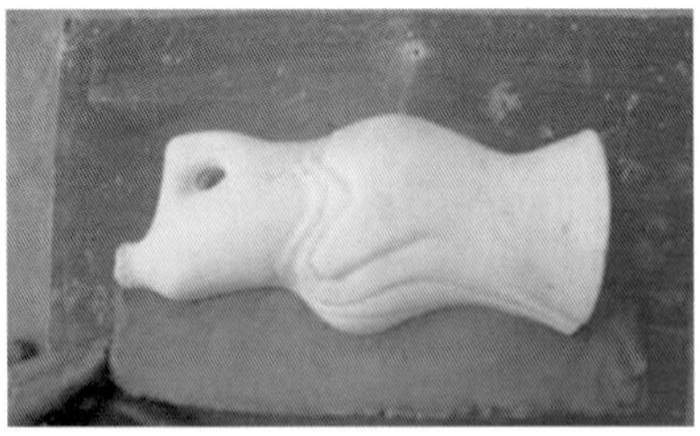

（g）用刮刀等将界面抹平整。

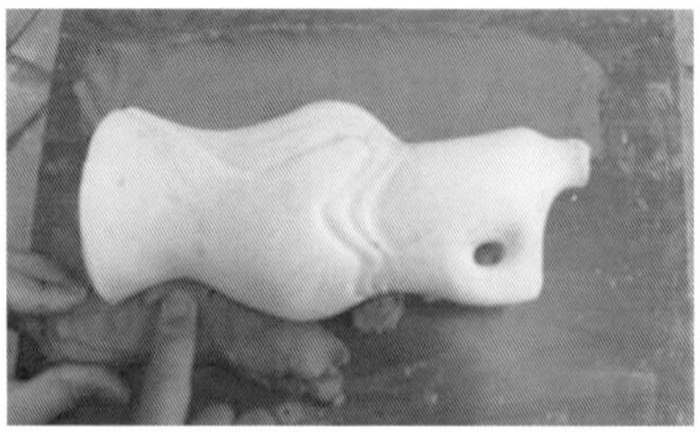

（h）用同样的方法制作另一边。

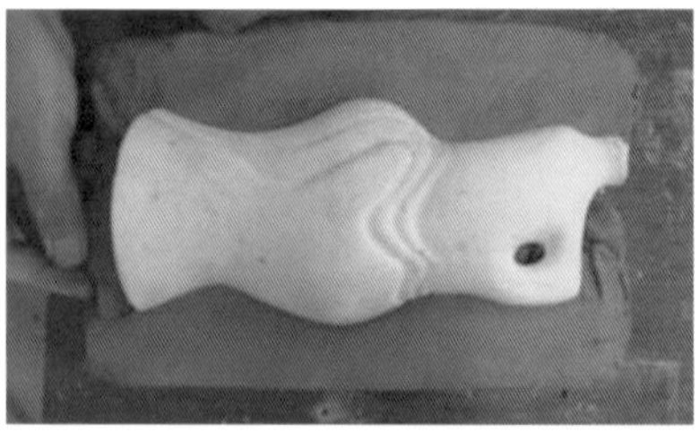

（i）将前后两边封好，注意容器的小孔处也要密封。

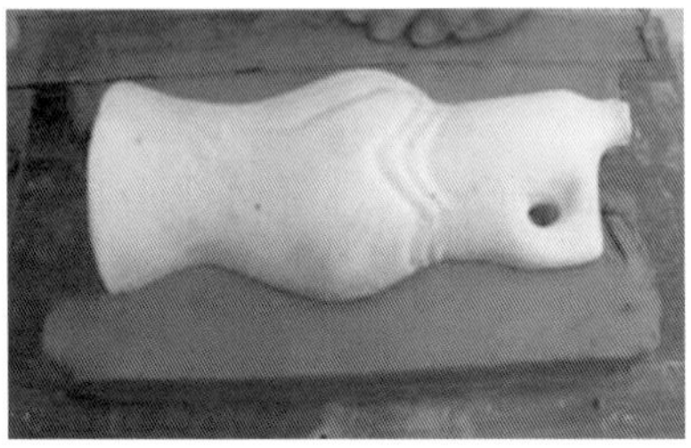

（j）泥片包裹完成的效果。

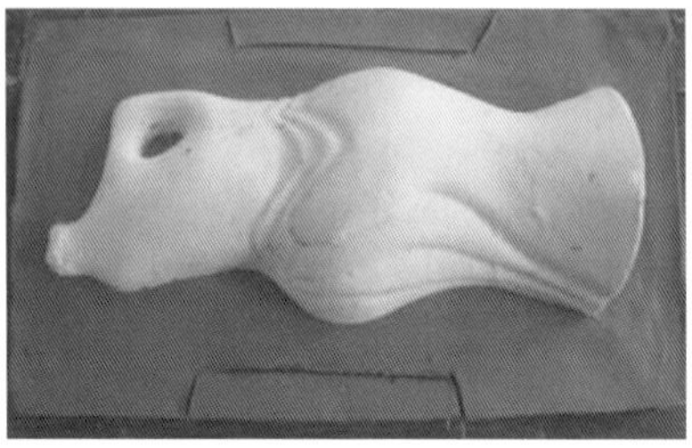

（k）在适当位置制作榫孔和卡槽。

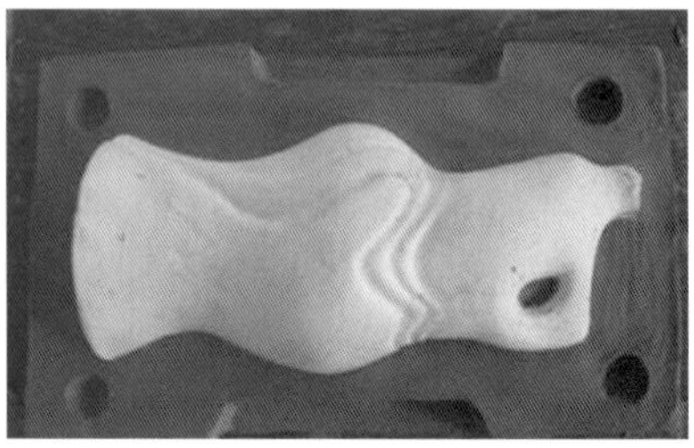

（l）卡槽制作完成效果。

图8-2　不规则容器注浆模制作流程图示一　郝建英

（a）将石膏母模用围板围裹好，用橡胶带捆好，在母模表面刷肥皂水。

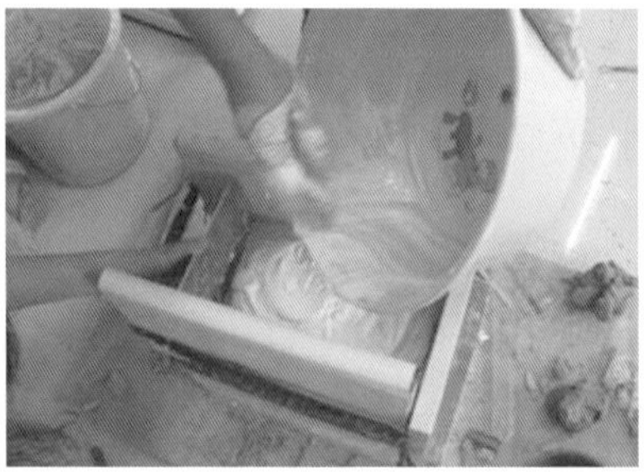

（b）浇注石膏浆，厚度约为3厘米。

（c）待石膏浆初凝后开模修整各面。

（d）将模型反转过来，底面朝上放置。

（e）取掉包裹的泥料。

（f）检查翻制情况，修补好模型上存在的缺陷。

（g）对模型边缘和容器的小孔部位进行修整。

（h）在模型和母模表面刷肥皂水。

（i）合好围板，再次浇注石膏浆。

(j) 静置7~10分钟使其凝固。

(k) 打开四周围板。

(l) 修整各边角和合缝线。

(m) 双手轻轻向上打开模型。

(n) 开模后的效果。

(o) 制作完成的注浆模和母模，最后在注浆模上口的位置制作出注浆孔。

图8-3 不规则容器注浆模制作流程图示二 郝建英

(2) 直接注浆法制作规则容器注浆模

直接注浆法制作规则容器注浆模的流程如图8-4 (a) ~ (m) 所示。具体操作步骤如下：

(a) 车制好的石膏模型。

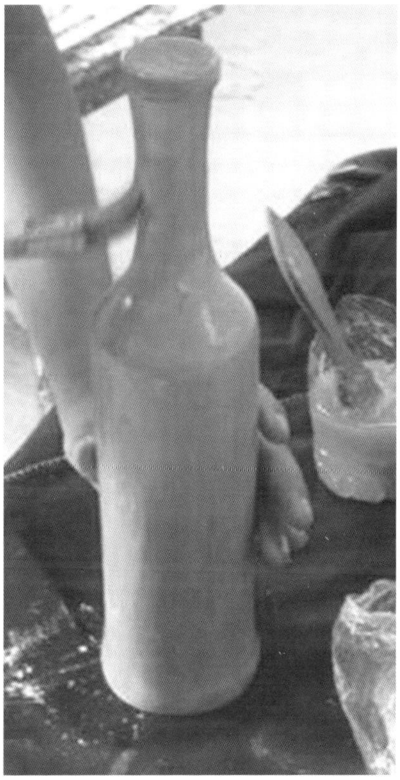

(b) 上洋干漆并晾干。

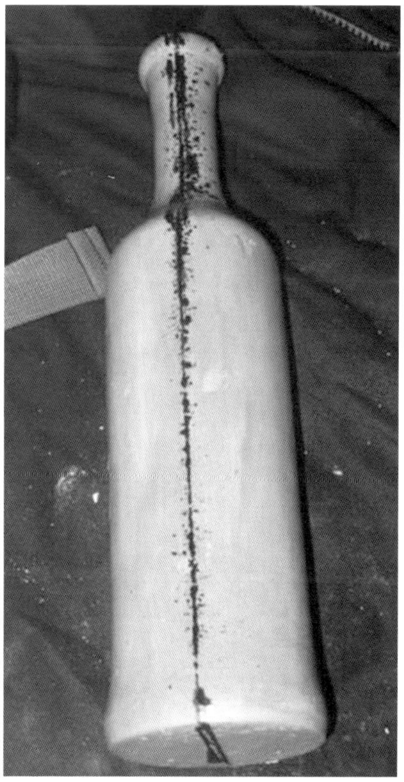

(c) 画中分线后再涂脱模剂。

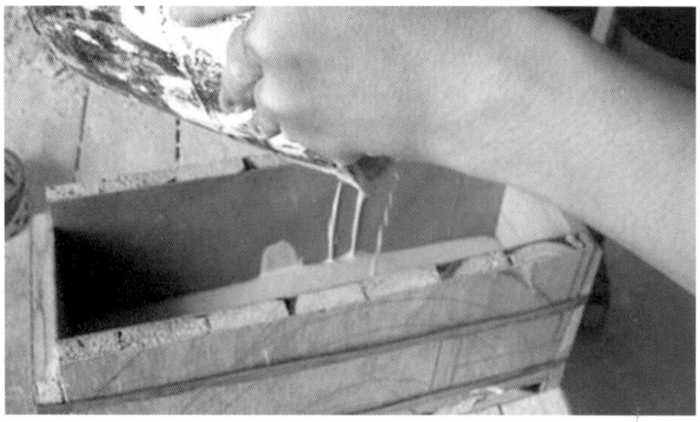

（d）调配石膏浆后先倒一层，厚度为3厘米。

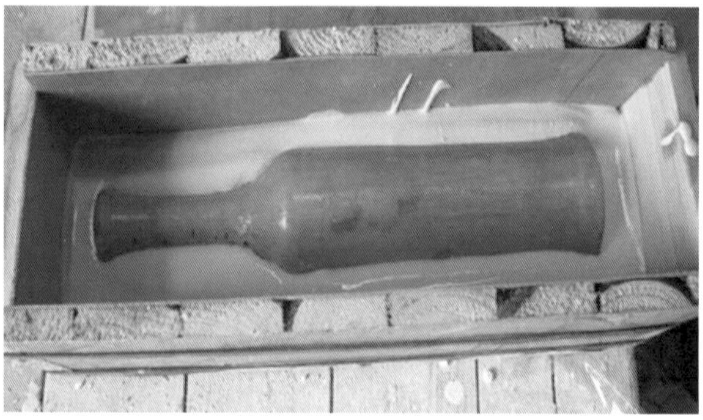

（e）放入容器后继续浇注石膏浆至中线。

（f）开模修整石膏面至中线位置。

（g）取出母模检查模具翻制情况。

（h）在模具的四边制作卡槽。

（i）放入母模，在表面刷脱模剂。

（j）在容器母模和模具表面涂脱模剂。

（k）围好围板，继续注出另一半模型。

（l）硬化后开模。

（m）取出母模，将模具编号并晾干。

图8-4　规则容器注浆模的手工制作流程图示

① 母模翻制准备。

检查原始模种的各部位是否完好、合理，是否符合翻制要求。

② 上脱模剂，做外围。

严格检查模种有无损坏，刷一层洋干漆酒精溶液或桐油、环氧树脂，以保护模种不被磨损，并防止吸水。接着用油性笔在模种上画出中分线，然后再刷上一层脱模剂，放在四周用木板等材料围好的密封模型内准备进行注浆。

③ 正确调配石膏浆。

开始调配石膏浆，通常石膏粉与水体积比为1.2：1。一般测量方法为粉与水面距离约1个食指关节为宜。先放水，后放石膏粉，待石膏全部吸透水后（一般3分钟左右），倒掉上层析出的清水，然后用手搅拌2~3分钟，排出浆内气泡，使浆调配成为均匀的奶油状。

④ 浇注石膏浆。

调好浆后，边倾浆边不停用毛笔搅动排除浆中气泡，最后刮平余膏。静置7~10分钟，等石膏浆初凝发热后，打开外围木板。

⑤ 取模修整。

将模型成型面清理光洁、平整；注意合缝面要与模种上所画的中线位置吻合，正好在1/2的位置为宜，否则会影响脱模。及时取出原始模种，注意用力要匀、平，不能扭动，防止损伤原始模种。

⑥ 制作卡模槽。

用刨刀在已修整好的一半模具的合缝面上制作出几个梯形卡槽，用于卡模，使之不会在注浆操作过程中发生移动错位。

⑦ 放入原始模种，并刷脱模剂。

将模种放入已经翻制好的一半模具内，在原始模种和已翻制好的一半模具表面都涂上脱模剂。

⑧ 翻制出另一半模型。

再次合上外围木板，继续浇注出另一半模具。

⑨ 开模。

取出原始模种，及时对翻制好的母模编号，晾干待用。硬化后的新模宜在温度为60℃以下的空气中自然干燥，排出其中的自由水。

注浆模制作注意事项如下：

如果产品需求量大（图8-5），需要注浆成型生产，则须先通过原始模种翻制出“一次过渡模型”，再用此模型过渡翻制出“二代模种”和模围；用“二代模种”和模围翻出“二次过渡模型”，再根据生产需要，用“二次过渡模型”翻制出多套母模（模种和模围）备用。进行上机生产的还需要通过母模再翻制出工作模。进行注浆成型的母模则需要制作出注浆口。如果原始模种的底部为内凹状，还须再翻制出底模。

图8-5 批量化生产的注浆模

（3）洋干漆和脱模剂的使用

洋干漆和脱模剂的使用方法如图8-6（a）~（i）所示。

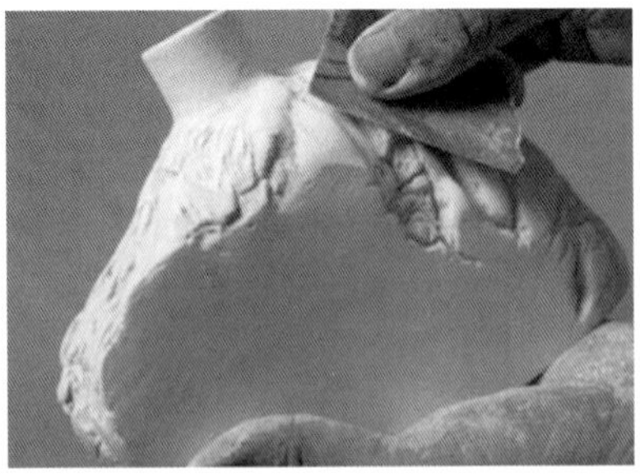

（a）将石膏容器表面进行修整打磨，检查各个起伏面是否大于90度角，能否顺利脱模。

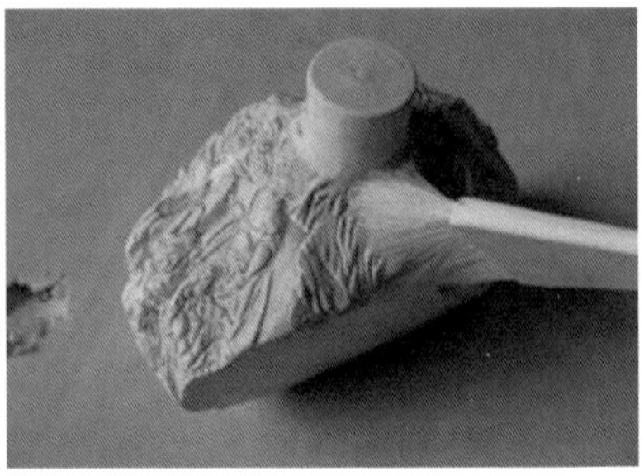

（b）用羊毛刷将打磨好的石膏容器表面粉尘清理干净。

（c）将洋干漆和工业酒精稀释调配成溶液。

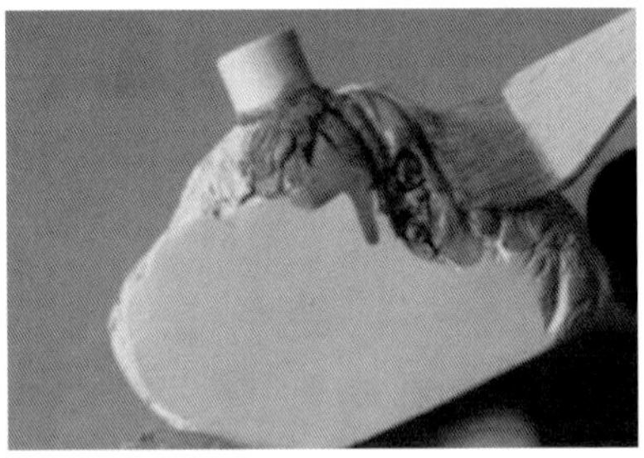

（d）用干净的羊毛刷蘸调配好的洋干漆酒精溶液在容器表面进行涂刷。

（e）反复进行多次涂刷，尤其是不规则部位。

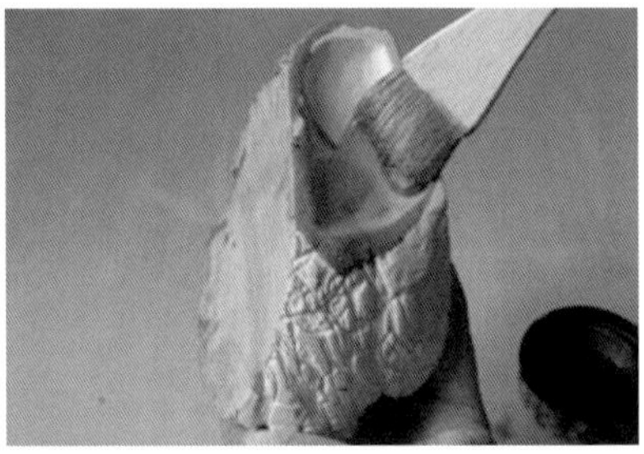

（f）待30分钟后，把容器反转过来，将底部也涂刷好。

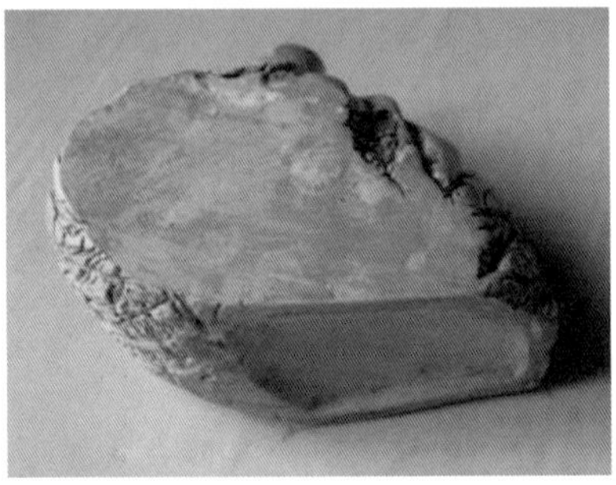

（g）将涂刷好的石膏容器放在自然环境下干燥。

（h）根据器物形状，用马克笔将石膏容器分块画线，用陶泥封堵好后放在制作好的模型内。

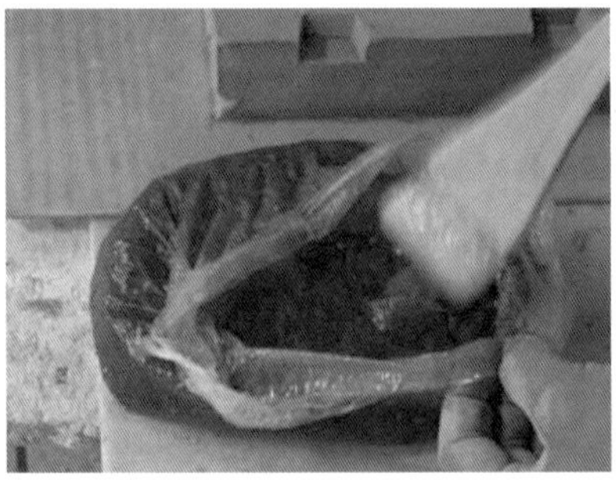

（i）蘸脱模剂均匀涂抹在石膏容器表面，即可浇注石膏浆。一般复杂的容器需要翻制出多块组合模型。

图8-6　洋干漆和脱模剂的使用图示

洋干漆和脱模剂的使用注意事项如下：

① 酒精溶液容易挥发，要随用随取，不要长时间暴露在空气中。

② 酒精易燃，实验时须注意防火。

③ 涂过洋干漆的毛刷要及时用工业酒精进行清洗，否则会发硬变形而不能使用。

④ 使用脱模剂时，一定要涂抹均匀，不要堆积。

思考题

1. 石膏注浆模对材料的吸水性要求是什么？
2. 制作分块石膏注浆模的一般操作流程是什么？

9 实验八：塑料包装容器制作

塑料包装容器是指将塑料原料经成型加工而制成的用于物品包装的容器。塑料包装容器与金属、玻璃、陶瓷、木材等材料所制作出的包装容器都是常用的包装容器。塑料包装容器属于现代新型工业材料制品，在当代社会生产和生活中使用范围极为广泛，其使用量仅次于纸和纸板材料（35.6％），约占包装类的33.1％，在调味品、杂粮、糖果类、酱菜类、茶类、保健品类、糕点类、干果类、化工类等上百种产品包装中都可以使用。塑料包装容器与玻璃容器、陶瓷容器相比较，具有重量轻、透明度高、外观精致优美、便于运输、环保等优势，目前在西方发达国家和我国已经成为一种时尚的包装趋势，是当代科学技术发展下的包装产物。

（1）塑料包装容器的特点

① 密度小，质轻，色泽上可透明也可不透明。

② 成型工艺简单，不同造型的容器只要更换模具即可进行生产，而且成型快，适合大批量生产加工。

③ 具有效果好、种类多、色彩丰富等优势。

④ 有较好的耐腐蚀、耐酸碱、耐油、耐冲击性能，并具有较好的机械强度。

不足之处：塑料容器在高温下易变形；容器表面硬度低，易磨损或划破；在光氧和热氧作用下，塑料会产生降解、变脆、性能降低等老化现象；导电性差，易产生静电积聚等。

（2）塑料包装容器的分类

① 按所用原料性质分类，主要分为聚乙烯、聚丙烯、聚苯乙烯、聚氯乙烯、聚酯、聚碳酸酯等容器。

② 按容器成型方法分类，主要有吹塑成型、挤出成型、注射成型、拉伸成型、滚塑成型、真空成型等技法制作出的容器。

③ 按造型和用途分类，主要有塑料箱、塑料桶、塑料瓶、塑料袋、塑料盒、塑料软管等。

（3）使用原料

塑料包装容器制作主要使用的原料有PET、HDPE、PVC、LDPE、PP和PS等。其各自性能如下：

① PET（聚对苯二甲酸乙二醇酯）。

市场上常见的矿泉水瓶、碳酸饮料瓶都是用这种材料做成的。但是，该类塑料容器的耐热度差，超过70℃后容易软化变形，且使用十个月后会释放一定的致癌物，对人体健康有害，因此属于一次性消费制品，不能循环使用或作为他用，用后建议丢弃。

② HDPE（高密度聚乙烯）。

该材料主要用于清洁用品、沐浴产品的包装，以及目前超市和商场中使用的塑料袋也多是由此种材质制成。可耐110℃高温，最适合制作吹塑中空制品。根据制品的应用条件要求，可以分为通用类、高抗冲击类、耐化学类及食品包装类等。标明食品用的塑料袋可用来盛装食品。盛装清洁用品、沐浴产品的塑料容器可在小心清洁后重复使用，但这些容器通常不易清洗，会残留原有的清洁用品而变成细菌的温床，最好不要循环使用。

③ PVC（聚氯乙烯）。

由于聚氯乙烯材料在生产过程中和添加增塑剂过程中容易产生对人体有毒害的物质，因此，该材料的包装容器已经较少用于食品包装。其来源主要有两方面，一是生产过程中没有被完全聚合的单分子氯乙烯；二是增塑剂中的有害物。这两种物质在遇到高温和油脂时容易析出，易致癌，如须使用则一定不能使其受热。

④ LDPE（低密度聚乙烯）。

水壶、保鲜膜、塑料膜等的制作都采用了这种材质。其耐热性不强，通常合格的保鲜膜在温度超过110℃时将出现热熔现象，会留下一些人体无法分解的塑料制剂。并且，用保鲜膜包裹食物加热，食物中的油脂很容易将保鲜膜中的有害物质溶解出来。因此，食物入微波炉时，要先取下包裹着的保鲜膜。

⑤ PP（聚丙烯）和PS（聚苯乙烯）。

微波炉餐盒是采用PP材质制成的，可耐130℃高温，透明度差。这种微波炉餐盒是唯一可以放进微波炉的塑料盒，在小心清洁后可重复使用。需要特别注意的是，一些微波炉餐盒的盒体用05号PP制造，但盒盖却用06号PS制造，PS透明度好，但不耐高温，所以不能与盒体一并放进微波炉。为保险起见，容器放入微波炉前，应先把盖子取下。

（4）制作工艺

塑料包装容器主要有吸塑、吹塑、注塑三大成型工艺，均需要采用模塑法来制作。成型方法不同，往往会对制品的性能、成本带来很大的影响，其形态主要决定于成型方法及使用的模具，有时相同（或相似）的形态还可以采用不同的方法制得。例如，中空容器一般采用吹塑成型的方法制得；周转箱一般采用注塑成型的方法制造，但在一些比较特殊的情况下，为适应使用的需要，会采用钙塑板拼裁制造（具有质轻、价廉的优点，但强度稍逊），或者由预发泡聚苯乙烯珠粒模塑成型（具有特别突出的隔热性能及良好的缓冲抗震能力），甚至采用片材热成型的方法制造（成本低但强度有限）。

（5）主要设备

制作塑料容器的主要设备有数控注塑机、电脑吸塑机、全自动吹瓶机、中空吹塑机等。

（6）吹塑实验中的影响因素

① 吹气压力。

吹塑过程中，通入压缩空气有两个作用，一是利用压缩空气使熔融状的管坯胀大而紧贴模腔壁，形成需要的形状；二是对吹塑制品起冷却作用。塑料品种和型坯温度不同，空气压力也不一样，一般控制在-0.7～0.2MPa。黏度较低、容易变形的塑料如聚酰胺、纤维系塑料等取较低值；黏度和模量较高的塑料如聚碳酸酯、聚乙烯等取较高值。此外，充气压力大小还与制品的大小、型坯的厚度有关。一般大容积及薄壁制品宜用较高压力，而小容积及厚壁制品则宜用较低压力。最适宜的是能使制品在成型后外形、花纹等表面纹饰比较清晰的压力。

② 充气速度。

为了缩短吹气时间，以利于制品获得较均匀的厚度和较好的表面，充气速度（单位时间内流过的空气体积）要尽可能大一些；但也不宜过大，否则会给制品带来不良影响。一是会在空气进口处造成真空，使这部分的型坯内陷，而当型坯完全吹胀时，内陷部分会形成“横膈膜”片；二是口模部分的型坯有可能被极快的气流拉断，易产生废品，为此需要加大吹管口径或适当降低充气速度。

③ 吹胀比。

通常把制品的尺寸与型坯尺寸之比称为吹胀比，即型坯的吹胀倍数。当型坯的尺寸和重量一定时，制品的尺寸越大，型坯的吹胀比也越大。根据塑料的品种、性质，制品的形状和尺寸以及型坯的尺寸等来决定吹胀比的大小。增大吹胀比固然可以节约材料，但制品壁厚变薄，强度和刚性降低，同时成型也变得困难。吹胀比过小，会使消耗的塑料量增加，制品有效容积减少，冷却时间加长，成本增加。因此，通常把吹胀比控制在2～4倍左右。

④ 模温和冷却时间。

为保证制品质量，模具的温度应分布均匀，而且在冷却过程中也要使制品均匀地冷却，模温一般保持在20℃～50℃。模温过低，会使夹口处塑料的延伸性降低，不易吹胀，并使制品在此部位加厚，同时使成型困难，制品的轮廓和花纹等也不清楚。模温过高，冷却时间延长，生产周期加长。此时，如果冷却不够，还会引起制品脱模变形，收缩增大，表面无光泽。模温的高低取决于塑料的品种，当塑料的玻璃化温度较高时，可以采用较高的模温；反之，则应尽可能降低模温。

⑤ 成型周期。

吹塑的周期包括挤出型坯、截取型坯、合模、吹气、冷却、放气、开模、取出制品（其后的修整、配套、包装另计）等过程。这个周期选择的原则是在保证制品能够定型（而且不变形）的前提下尽量缩短。但是往往由于操作的连贯性和准确性差，模具的冷却效果差，会人为地加长周期，从而直接影响效益。

（7）中空吹塑工艺原理

不同的吹塑方法，由于原料、加工要求、产量及成本的差异，在加工不同产品的过程中具有不同的优势。常见的中空制品的吹塑包括三个主要方法：挤出吹塑、注射吹塑和拉伸吹塑。

① 挤出吹塑。

挤出吹塑是热塑性复合材料制品生产中应用较广的工艺之一。其主要特点是生产过程连续，生产效率高，设备简单，技术容易掌握等。主要用于未被支撑的型坯加工。挤出吹塑空气压力为0.21～0.62MPa。

挤出吹塑工艺过程是：由挤出装置挤出半熔融状管坯；当型坯达到一定长度时，模具移到机头下方闭合，抱住管坯，用刀将管坯割断；模具移到吹塑工位，吹气杆进入模具吹气，使型坯紧贴模具内壁而冷却定型；打开模具，取出制品。其具体流程如图9-1（a）～（d）所示。

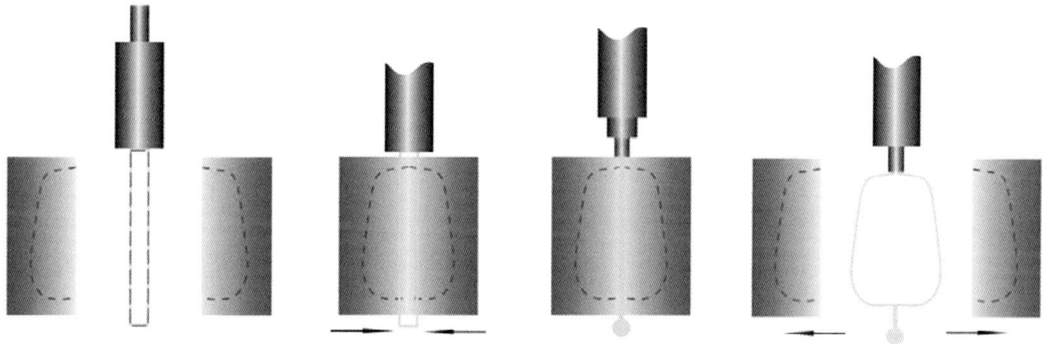

（a）型坯的挤出。

（b）在型坯上将瓣合模具闭合。

（c）向模腔的内壁吹胀型坯。

（d）打开模具，卸下已成型的制品。

图9-1　挤出吹塑成型示意图

② 注射吹塑。

注射吹塑是热塑性复合材料的主要生产方法，历史悠久，应用最广。其优点是成型周期短，能耗小，产品精度高，一次可成型开关复杂及带有嵌件的制品，一模能生产几个制品，生产效率高。缺点是不能生产纤维增强复合材料制品，对模具质量要求较高。主要用于由金属型芯支撑的型坯加工，注射吹塑空气压力为0.55～1MPa。

采用注射吹塑成型设备生产的塑料中空容器，主要通过三个基本过程完成，即：熔料在注塑工位通过注塑模具注塑，在吹塑工位将注塑的型坯在吹塑模具内吹塑成型，而后在脱模工位将成型的容器进行计数包装。其具体流程如图9-2（a）、（b）所示。

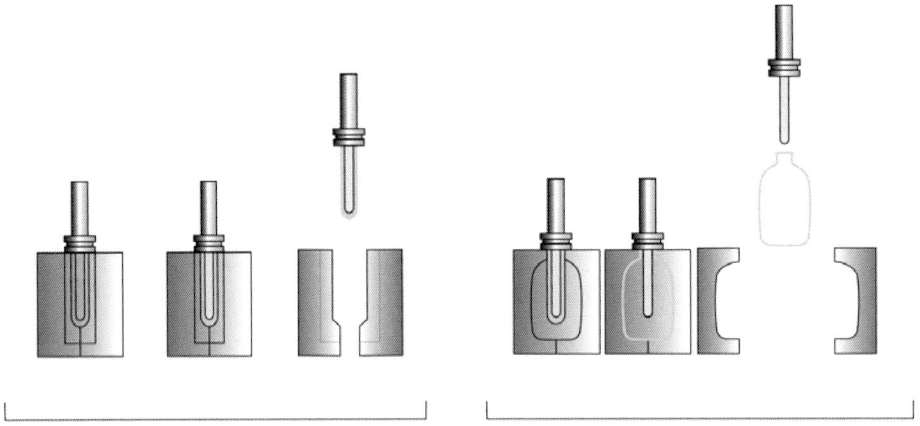

（a）注射阶段，聚合物熔体被注射机注射到瓣合模具中，产品的形状被固定。

（b）向模腔的冷壁吹胀预热的型坯。

图9-2　注射吹塑成型示意图

③ 拉伸吹塑。

拉伸吹塑包括挤出—拉伸—吹塑、注射—拉伸—吹塑两种方法，可加工双轴取向的制品，能极大地降低生产成本和改进制品性能。拉伸吹塑的空气压力经常需要高达4MPa。

拉伸吹塑工艺过程是其型坯采用挤出或注射方法的部分设备，在特定温度范围内对型坯实施纵向机械拉伸和横向气胀拉伸，并最终成型（图9-3）。

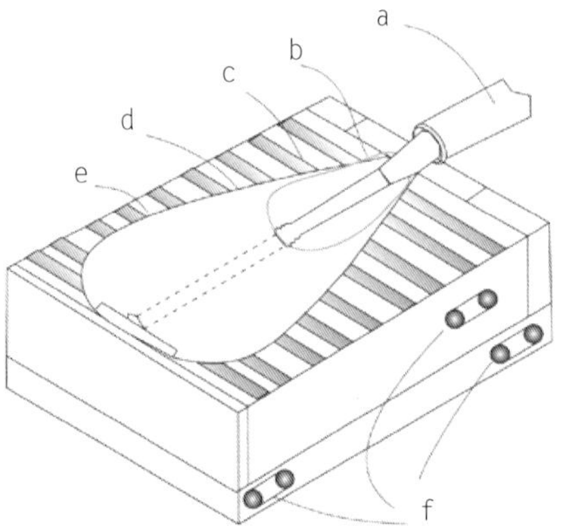

图9-3　拉伸吹塑成型示意图

a．拉伸吹塑芯杆；b．空气入口；c．模具排风口；d．预成型的型坯；e．芯杆延长杆；f．冷却水槽。

（8）SJ50中空吹塑成型实验介绍

① 实验设备：SJ50塑料挤出机（图9-4）、合模机、钢制吹瓶模具、空气压缩机。

② 实验工具：秒表、剪刀、美工刀、螺丝刀、扳手、手套等。

③ 实验材料：高密度树脂颗粒。

④ 实验步骤如图9-5所示。

图9-4　SJ50塑料挤出机

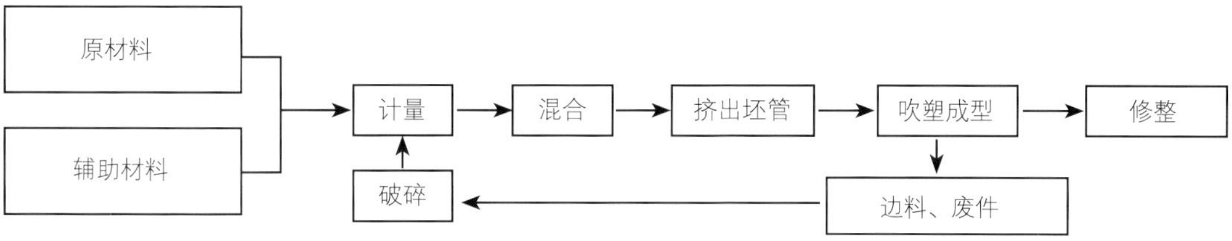

图9-5　中空吹塑成型实验步骤

（9）SJ50中空吹塑成型实验操作

① 了解原料工艺特性（如树脂牌号、密度、熔体指数、流变性等）（表9-1），结合基础理论、根据配方需要，计算出树脂原料、辅料的用量。

表9-1　各种原料工艺参数

原料 / 工艺参数	LDPE材料	HDPE材料	PVC材料
料筒温度后段（℃）	100~115	110~125	140~150
中段（℃）	140~150	150~160	150~155
前段（℃）	155~160	170~185	160~165
机头温度（℃）	160~165	185~190	165~170
口模温度（℃）	160~165	190~195	165~175
吹塑压力（MPu）	3~4	5~8	3~4
充气时间（min）	15	10~15	15
模具温度（℃）	15~40	20~40	15~40
冷却时间（min）	5	5	3

② 合上总电源开关，打开SJ50塑料挤出机电源开关（电源三相电压表，显示380V左右）（图9-6），设置加热温度，调节温控仪旋钮。然后向右打开五段加热开关，五段加热电流表显示有电流通过，五个温控仪（图9-7）红灯亮起。

图9-6　三相电压表

图9-7　五个温控仪

③ 将计量好的原料搅拌均匀后，打开料斗上的进料板，将拌好的原料放进吹塑机的料斗中进行预热。根据使用原料的技术要求设定各段的加热温度，然后开始加热。为了确保料筒内原料充分熔融，预热时间应为1.5～2小时。

④ 当五个温控仪绿灯亮起后，按下塑料挤出机电机启动按钮，此时电机启动。合上调速表上的电源开关，调节转速为400r/min左右。此时挤出机可以工作。

⑤ 开机前的检查与准备工作：给料斗加足原料（注意：螺杆不能空运转）。按顺序启动空气压缩机、冷却塔、循环水泵和冷水机，调整好冷水机的设定温度，打开两螺杆进料段冷却水阀。打开机器总进气阀，检查气压是否正常，定期排放机器空气过滤器内的积水，并往油雾器里加足雾化油。开油泵，打开左右模具，检查模具的清洁情况，及时清除模腔内的防锈剂、水、胶料和其他杂物等。开油泵，手动测试左右模具的开合模、上下移模、上下吹针等功能是否正常（图9-8）。然后可以开机进行实验操作。

⑥ 经过充分的预热，检查各加热段温度是否已达到设定值。旋转旋钮，设定旋钮变频器所需的频率，然后使旋钮逐渐加速至所需转速。调整口模部分，使坯管（图9-9、图9-10）均匀、平直，根据需要调整胀气大小。当熔融坯管挤出一小段后，注意观察坯管形状、表面状况等外观质量，并剪取一段坯料测量其壁厚和直径，了解模口膨胀和坯管均匀程度。随后针对情况将加热温度、挤出速度、口模间隙等工艺和设备因素作相应调整，使管坯质量和各控制仪表的参数相对稳定。

图9-8　钢制模具

图9-9　挤出机头部分

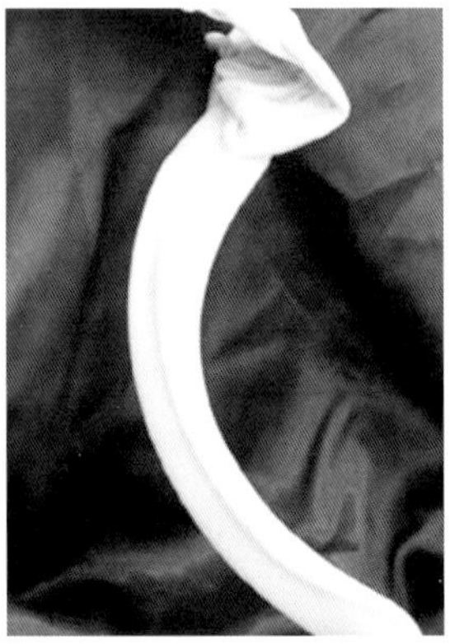

图9-10　坯管

⑦ 当下垂的坯管达到外观光洁、表面平滑、壁厚均匀、无卷曲打褶时，按动辅机按钮，使吹塑模置于开启状态，待熔融坯管达到适当长度时，手工剪下大于模具高度的坯管（此时坯管温度较高，必须

戴手套完成）。立即将高温坯管垂直送入开启的成型模具中（图9-11），按下合模按钮后再次按下锁模按钮，旋动吹气开关至左向大约20秒，进行吹气；旋动吹气开关至右向大约20秒，进行排气；旋动吹气开关至中间位置，关掉气嘴（图9-12）。压缩空气由此进入坯管吹胀紧贴型腔，同时排出型腔外壁与模腔之间的残留空气，从而取得与模具型腔一致的形状。

⑧ 保持内部压力并冷却模具，待成型制品完全冷却定型后，按下模具开锁按钮后，再次按下开模按钮，打开模具脱出制品。取出成型的容器，注意检查制品厚薄是否均匀、重量是否符合要求、透明线是否正中等，修整其中的毛边废料，使制品符合质量要求（图9-13）。

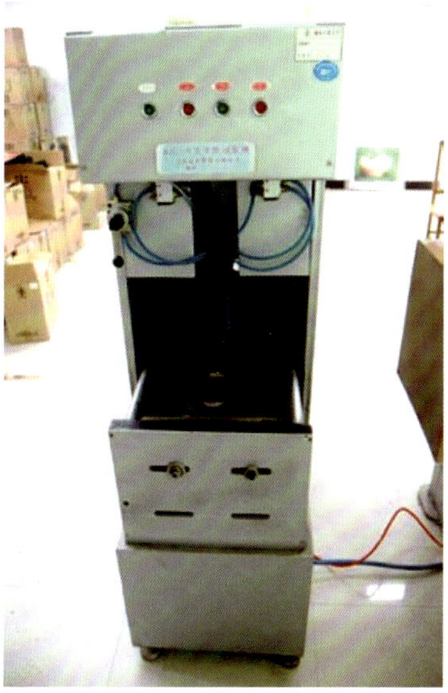

图9-11　合模机

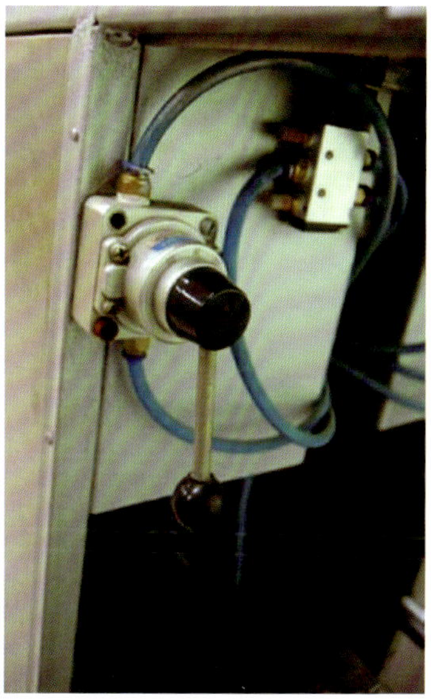

图9-12　吹气开关

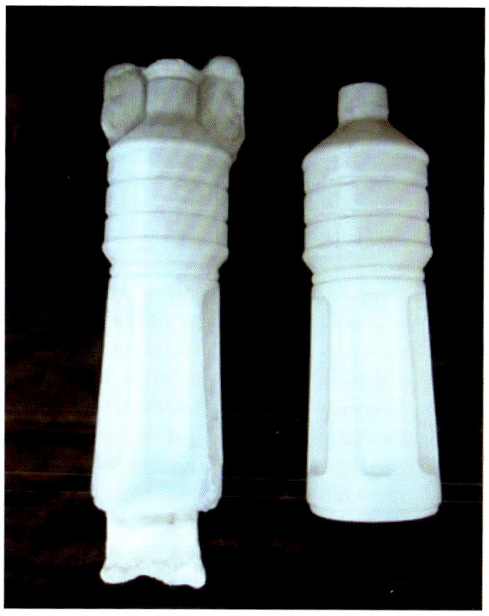

图9-13　未修整作品与成品

⑨ 实验完成后，将模具、吹针复位。清洁模具，如有必要，给模腔喷上防锈剂。合模，关油泵，并关闭机器总电源开关和辅助设备电源。

⑩ 关闭料斗进料板，将塑料挤出机内机筒的余料挤出，按下电机停止按钮，关闭调速表上的电源开关，调速表上调速旋钮归零，向左关闭五段加热开关，最后关闭所有电源。

具体操作注意事项如下：

吹塑用的压缩气必须预处理，除去其中的水分和油分，以免在瓶内壁上留下麻点，影响透明性或卫生。

PET在拉伸吹塑过程中，加热温度范围窄，温度过高或过低均会使瓶身出现混浊，因此，在加热过程中瓶坯整体温差要小，要均匀，加热温度要控制准确，最好采用远红外加热，因为它具有穿透性。

要生产出透明性好的PET瓶，拉伸速度必须快，只有在玻璃化温度以上偏低温（95℃左右）下使瓶坯迅速拉伸定向，才能提高制品瓶的拉伸强度和冲击强度。

（10）PET吹塑过程中的常见问题及解决方法

① 成型不饱满、容量过小：提高吹胀气压，延长吹胀空气作用时间，改善模具的排气性能，减少排气时间；提高瓶坯温度，适当降低模具温度，严防封口漏气，延长成型循环时间。

② 容量过大：提高模具温度，降低吹胀气压，缩短成型循环时间，更换容量垫片，延长排气时间。

③ 吹破：拉伸杆不对中，坯管厚薄不均致使加温变形，逐渐降低吹胀气压，以减小瓶坯的膨胀速

率，选用黏度较高或拉伸比合适的瓶坯。

④ 粘模：降低模具温度，降低瓶坯温度，延长冷却时间，延长排气时间。

⑤ 制品表面缺陷：粗糟、麻点、橘皮纹、凹痕等（光泽度低），检查模具成型表面是否有碰伤、刮花或未抛光到位的情况；检查模腔的排气孔；因压缩空气中含有水（油）分，须更换符合标准的过滤器，定期排放空气压缩机蓄水；提高吹胀气压，增大注入量；提高模具温度（如不宜提高模温，设法降低车间湿度），减少模具冷却水量，以避免模腔出现冷凝现象；减少脱模剂的喷射量；逐渐提高瓶坯温度，但应避免过高。

⑥ 制品表面部分或全部发白（珠光白）：增加热坯时间，使坯温提高；降低风机功率；提高模具温度；适当降低预吹气压。

⑦ 制品表面部分或全部发白（乳白状）：缩短瓶坯的加热时间，避免出现结晶现象；检查冷水机温度及流量是否不足；检查加热炉吹风机是否有故障；降低模具温度。

⑧ 壁厚周向不均匀：拉伸杆弯曲或不居中，预吹角度太早或预吹压力太大，模具温度左右不均匀；瓶坯偏心或壁厚不均匀，加热炉芯轴摆动太大。

⑨ 壁厚纵向不均匀：调整加热炉灯管功率，调整预吹角度和预吹压力，调整加热炉风机功率；检查预吹出来的瓶子是否有包杆现象；瓶子出现一道硬环则可能是预吹压力太小。

⑩ 合模缝处不良（过大）：清理模具分型面上的排气槽，提高锁模力，检查补偿气是否泄漏；降低吹胀气压；检查模具导柱、导套配合情况。

⑪ 浇口成型位不对（瓶坯底与瓶底不对中）：拉伸杆与模腔底模间隙过大，可延迟主吹角度，降低预吹压力或推迟预吹角度；模具装配不对中，检查底模座与模腔的相对位置，拉伸杆弯曲或不居中；瓶坯温度太高；瓶坯有偏心现象或壁厚不均匀，检查拉伸气缸是否有问题。

（11）实验成果

实验结束时，学生须达到如下要求：

① 熟悉塑料挤出机（主机）、合模机（吹瓶辅机）的操作使用规程，了解吹塑成型制品的制作流程。

② 提交实验报告1份。要求对实验过程及步骤进行详细记录，报告须记录准确，应包括所有技术参数和时间控制。

（12）成绩评定

本实验教学以考查形式为主，注重学生的实验表现，成绩最后纳入本学期实习课总成绩。实验结束后，学生须按照要求呈交实验成果和实验报告。所完成的容器应具备造型完整、厚度均匀、边角平滑等要求。

无故旷课2次以上、累计超过6个课时的学生，取消其评定成绩资格，并建议其重修。

成绩计算方法：实验表现40%＋实验作品30%＋实验报告30%。

思考题

1. 采用SJ50塑料挤出机制作塑料饮料瓶的一般操作流程是什么？
2. 吹塑容器常见缺陷的解决办法有哪些？

10 实验九：玻璃包装容器制作

玻璃包装容器（图10-1~图10-4）是将熔融的玻璃料经吹制、模具成型制成的一种透明容器。玻璃包装容器主要用于包装液体、固体药物及液体饮料类商品。

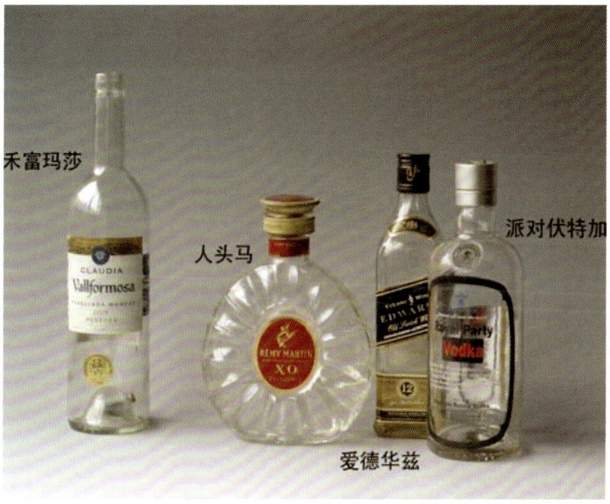

图10-1　无色玻璃酒瓶容器

图10-2　无色玻璃酒瓶容器造型

图10-3　有色玻璃容器　皮埃尔·卡丹

图10-4　彩色玻璃容器　塔皮奥·维卡拉（芬兰）

玻璃包装容器在汉代就有人使用，但一直未得到发展。随着近现代工业文明的发展和科学技术的进步，玻璃这种材质也得到广泛的认可，并成为当代包装容器大家族中的重要门类。据统计，玻璃包装容器约占包装产品总数的6.6%。其造型各异，品种繁多，色泽多样，是食品、医药、化工制品的主要包装容器，尤其是粉状物体、气体、液体包装存储的良好选择。

（1）玻璃包装容器的特点

① 化学稳定性好。

② 易于密封，阻气性好，贮存性能好。

③ 材质透明，可以从外面观察到盛装物的情况，便于产品的直观表现。

④ 表面光洁，便于消毒灭菌处理。

⑤ 造型简洁，线条刚柔相济，装饰工艺多样。

⑥ 有一定的机械强度，能够承受瓶内压力与运输过程中的外力作用。

⑦ 原料分布广，价格低廉。

其缺点是质量大（质量与容量比大），脆性大，易碎。近年来在生产工艺上采用薄壁轻量与物理化学钢化新技术，这些缺点已有显著改善。

（2）玻璃包装容器的分类

① 按造型分类，可分为圆形瓶、方形瓶、椭圆形瓶、异形瓶、曲线形瓶、带柄瓶等。

② 按盛装物分类，可分为酒瓶、饮料瓶、油瓶、罐头瓶、酸奶瓶、药瓶、试剂瓶、输液瓶、化妆品瓶、糖果罐等。

③ 按色彩分类，可分为无色透明瓶、白色瓶、棕色瓶、绿色瓶、蓝色瓶、黑色遮光瓶以及不透明的乳浊玻璃瓶等。

④ 按瓶口形式分类，可分为软木塞口瓶、螺纹口瓶、冠盖口瓶、滚压口瓶、磨砂口瓶等。

⑤ 按瓶口大小分类，可分为小口瓶和大口瓶。小口瓶为瓶口内径小于20mm的玻璃瓶，多用于盛装液体物料，如汽水、啤酒等。大口瓶又称罐头瓶，瓶口内径一般为20~30mm，其颈部和肩部较短，瓶肩较平，多呈罐状或杯状，由于瓶口大，装料和出料均较易，多用于盛装罐头食品及黏稠物料。

（3）玻璃包装容器的结构与特点

玻璃容器的基本结构主要取决于所盛装的物品种类及数量，各种被包装物由于其自身形态的不同而对容器的形状与结构有着不同的要求。包装用玻璃容器大多为瓶形，其形状、尺寸以及组成结构尽管有多种变化，但基本组成均由瓶口、瓶肩、瓶颈、瓶身和瓶底五大部分构成。

① 小口瓶。

小口瓶是指瓶口直径小于20mm的玻璃瓶。酒类、饮料类、调味品类和食用油类常用小口瓶包装。小口瓶根据其瓶身与瓶颈的连接形式（即瓶肩的结构）的不同，可分为溜肩瓶和端肩瓶。溜肩瓶的特点是瓶子垂直强度高，内装物倒出流畅，瓶肩处不易阻挡内装物中的沉淀物；端肩瓶的特点是造型美观，内装物表面与空气接触面积小。

② 大口瓶和广口瓶。

广口瓶泛指瓶口远远大于30mm的瓶型，通常指无明显的瓶颈和瓶肩的瓶子。大口瓶是介于小口瓶和广口瓶之间的一种瓶型，可有明显的瓶颈和瓶肩。这两种瓶型由于瓶口较大，内装物的填充和倒出均较流畅，且容易制造，壁厚均匀。

③ 罐头瓶。

罐头瓶实际上是一种瓶口具有特殊结构的广口瓶，目前已基本由广口瓶取代。

④ 日用品包装瓶。

其造型与结构因内装物的不同而异。本课程不予讨论。

⑤ 异形瓶。

常用于高档酒类和化妆品类商品的包装，在结构设计上主要考虑其外形的美观与特异。

（4）玻璃包装容器的制造工艺

玻璃包装容器制造工艺分（图10-5~图10-8）为模制和管制两大类。该工艺还发展了许多新方法，如砂铸法、浇注法、失蜡法、多次铸造法等。在诸多方法中，采用模制工艺成型的玻璃包装容器较多见。模制成型的工艺原理是将玻璃热熔液化后注入模具中冷却成型；或者将玻璃碎料直接放入模具中，两者一起放进熔炉内，待玻璃与模具完全吻合后再退火成型。模制的大口瓶用于盛装粉状、块状和膏状物品；小口瓶（图10-9）多用于盛装酒、牛奶、油等液体。

图10-5　酒瓶生产工艺1

图10-6　酒瓶生产工艺2

图10-7　酒瓶生产工艺3

图10-8　火抛光工艺

图10-9　洋河蓝色经典酒容器

模制成型工艺流程为：

① 根据所需包装容器造型图稿制作出泥模稿，即玻璃器物的泥土原型。通常采用陶泥、瓷泥、雕塑泥、橡皮泥、石膏等材料。

② 用耐火石膏翻制出熔化玻璃所需的模具。先将泥模稿的四周挡好围板，再将耐火石膏和水按1千克：420毫升的比例调匀，趁其未干时浇盖在泥模稿上。为利于脱模，可事先在泥模稿的表面喷洒一层肥皂水。待耐火石膏模干后将泥模稿取下，即可得到阴形模具。如果想得到更为精细的容器造型并进行批量化复制，这一步可以改用失蜡法代替，具体操作步骤如下：

a．将泥模稿翻制成硅胶阴模，并用石膏进行固定。

b．在硅胶模中灌入熔化的蜡液，浇注出蜡模原型。

c．冷却后轻轻取出蜡模原型进行精修。

d．借助蜡模翻制成耐火石膏阴模。

e．加温脱蜡，得到模具。这样可以通过硅胶模进行容器复制。

③ 将玻璃碎料放入模具中，一同放进熔炉内进行加温，待玻璃逐渐熔化与模具吻合，至完全填满内腔后再退火。玻璃在450℃~550℃时开始发生变化，表层产生光泽和黏性；在550℃~-650℃时固态玻璃开始软化变形，并且发生下垂；在650℃~750℃时，玻璃开始熔化交融；在750℃~900℃时，玻璃开始完全熔化；在800℃~900℃时，玻璃的液化程度非常高，能流入非常精细的模具。要消除或减少玻璃容器在成型和加工过程中的不良应力必须进行退火。

④ 退火后，为防止应力没有完全消除，须等到玻璃容器完全冷却后方可开模。此时，耐火石膏模已经变得松软、易剥离。

（5）玻璃包装容器的制作设备

① 瓶罐自动热缩包装机（图10-10、图10-11）：用于玻璃瓶罐及罐装物品的热缩包装。

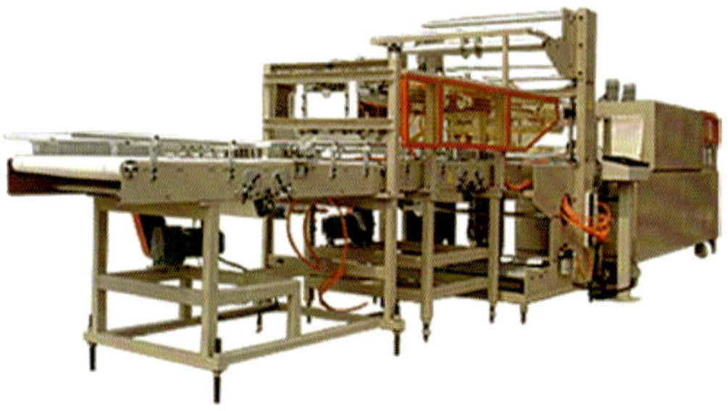

图10-10　瓶罐自动热缩包装机1

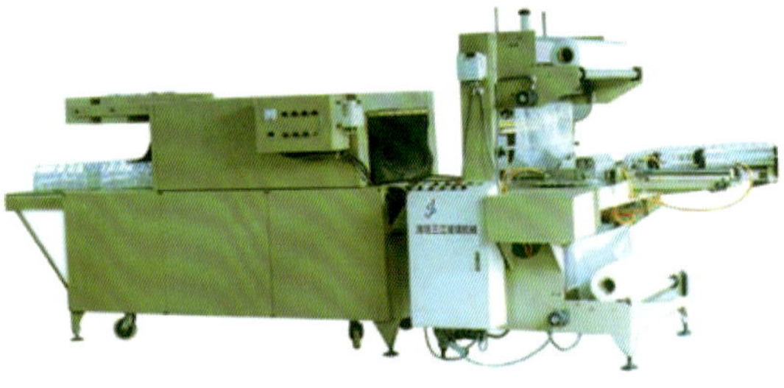

图10-11　瓶罐自动热缩包装机2

② 玻璃液搅拌机：要与料道配套使用，能有效去除玻璃制品的条纹等缺陷，可单桨、双桨、多桨使用。料槽的宽度不同，搅拌机的搅拌桨中心距则不同。

③ 推瓶机：用于退火炉前，把横向输送机上的瓶罐推送入退火炉。刚吹制出的酒瓶温度高，不宜进行手工操作而采用机械操作完成。推瓶机有直线式、曲线式两种推瓶方式，可采用变频调速、计数计时两种模式控制推瓶。

（6）玻璃包装容器的装饰工艺

玻璃包装容器装饰工艺主要可分为烤花、喷釉、烫金、研磨、喷砂、刻花、抛光、丝网印刷及花纸等。研磨加工处理时，磨砂和水的比例为3：1，操作过程中要注意力度大小和水量多少的控制，使其达到良好的透光度和平滑度。抛光工艺操作多采用磨盘、木轮、棕轮等进行。玻璃容器经打磨后表面会显得更加光滑、明亮、精致，可以进一步在其表面进行特殊装饰处理，使之达到不同的艺术效果（图10-12、图10-13）。丝网印刷工艺在玻璃容器装饰上较为常用，其操作原理为：将油墨印刷到玻璃表面，再采用油墨的固化措施，使印制的图案牢固耐用。不同容器造型其印刷工艺也有所不同，可根据容器的表面是平面还是弧形面而选择相应的平面印刷工艺或曲面印刷工艺。其工艺步骤如下：

绷网→上浆→干燥→晒版→显影→干燥→平板玻璃→切裁→磨边→清洗干燥→印刷→烧结

图10-12　香水瓶　玻璃包装容器

图10-13　人头马XO酒瓶　玻璃容器

① 选择玻璃。

根据实验内容要求，将玻璃切割出所需的形状，然后进行倒边磨削加工，最后清洗干净，晾干待用。注意玻璃表面不能有水痕，否则会影响印刷。

② 选择合适的丝网。

玻璃印刷所用网版与普通的网版相同，玻璃丝印版的丝网多采用合成纤维丝网、不锈钢丝网、天然纤维丝网。当印制常见的色料时，通常选用价廉的合成纤维丝网；当做金银装饰时，则不能选不锈钢丝网。丝网规格通常为270～300目。

③ 选择网框。

目前普遍使用铝合金网框，其具有强度好、防水且不易变形等特点。网框的尺寸一般要比印刷的图案大，要求图案的外边缘距网框应有70～100毫米。

④ 绷网。

绷网是将丝网布绷在网框上，可以采用手动、机动、气动等办法。现在较为先进的设备为气动绷网机，具有操作规范、省时省力、绷网质量高等优点。绷网要求各方向的张力均匀，丝网的经纬线保持垂直，粘网胶要黏结牢固，不能松弛。可用水平仪表在绷好的网上先进行检测，合格后再粘胶。

⑤ 涂感光胶。

现在市面上的感光胶有重铬酸盐系、重氮盐系、铁盐系。丝印制版对感光胶的要求是：制版性能好，便于涂布；感光光谱范围在340～440纳米，显影性能好，分辨力高，稳定性好，便于贮存，且经济卫生，无毒无公害。印刷对感光原料的要求是：感光原料形成的版膜能适应不同种类油墨的性能要求，具有很强的耐印力，能承受刮墨板多次刮压；与丝网的结合力好，印刷时不会导致脱膜故障；除此之外，还要易剥离，利于丝网版材的再利用。

⑥ 晒版。

选择好原料后，在暗室中涂布感光胶。要求均匀一致，通常要求涂两遍，而后进行鼓风干燥。晒版要在冷光源的晒版机上曝光。曝光时间要根据图案要求确定，通常为12～30分钟。曝光、显影，用水冲洗网版，即制得丝印网版。

⑦ 印刷。

平板玻璃的印刷机有手动、半自动、全自动几种类型，曲面印刷机以气动为主。手动印刷机适用于在小批量、小规格的平面玻璃容器上印刷。半自动、全自动印刷机则适合于大批量、大规格的多套色印刷，具有准确、快速的优点。曲面印刷机能在圆柱形曲面上进行印刷。

⑧ 油墨。

玻璃容器印刷所用的油墨，一种是无机色素经过研磨后，达到一定细度，再加入丙烯酸树脂，网印在玻璃表面，须经600℃以上温度焙烧1～2分钟，使墨层和玻璃表层熔化在一块，牢度极佳。这种油墨的耐热温度在600℃以上，但是花费成本高，工艺较复杂，在网印行业使用较少。另一种是以高分子化合物为黏结剂的无机玻璃油墨，氨基型和环氧型均需要烘烤，在国内市场广泛使用。该油墨网印以后要在1 300℃～1 400℃的高温中烘烤30分钟，烘烤时间较长，但牢度和硬度均佳，亮度好，还能够耐低浓度的电解质及乙醇、丙酮、苯类、环己酮等溶剂的腐蚀。

注意事项如下：

① 耐火模型的内腔在使用前要先烘干，玻璃料须洗净吹干，以使铸造出的玻璃容器尽量少含杂质。

② 玻璃料的大小要基本相等，尽量减小玻璃叠加时的空隙，以减少烧制过程中的气泡产生。

③ 玻璃包装容器的制作主要采用热加工成型，因此在实验前要了解设备的正确操作方法，注意操作安全，提高防火意识，防止发生意外。

思考题

1. 简述玻璃包装容器制作的一般工艺流程。
2. 玻璃包装容器制作实验操作注意事项有哪些？

11 实验十：金属包装容器制作

金属包装容器是指用金属薄板制成的薄壁包装容器。它在当代被广泛应用于食品包装、医药品包装、日用品包装、仪器仪表包装、工业制品包装、军火包装等方面，并在航天探测、深海潜水、电子仪器等领域具有广泛用途。金属包装约占包装总数的26.6％，其中用于食品包装的数量最大。金属容器根据不同产品包装需要可制成圆形、椭圆形、方形、马蹄形、梯形等各种形状。

（1）金属包装容器的产品类型

其产品类型有：马口铁罐、铁饭盒、医用铁盒、手机电池盒、月饼盒、手表盒、香水罐、酒罐、烟盒、礼品盒、文具盒、CD盒、DVD盒、首饰盒、眼镜盒、扑克盒、手提罐、储钱罐、蜡烛罐、咖啡罐、巧克力盒、糖果盒、茶叶罐、饼干盒、蛋糕盒、人参等名贵药材盒等（图11-1~图11-3）。

图11-1　金属包装盒容器

图11-2　药品包装　金属盒容器

图11-3　洗液包装容器　不锈钢材料

（2）金属包装容器的分类

① 金属桶：用金属板制成的容量较大的容器。容量为35L、45L、50L、63L、80L、100L、200L、208L等。制品规格有小开口桶、中开口桶、提桶、异形顶桶、全开口锥形钢桶、全开口桶、直开口桶、开口缩颈钢桶等。所用金属材料有热轧薄钢板、冷轧薄钢板、冷轧镀锌薄钢板、铝板。

② 金属罐、盒：用金属薄板制成的容量较小的容器（有密封和不密封两类）。代表性产品有二片罐、铝质饮料罐、钢质饮料罐、圆形罐、椭圆形罐、方形罐等，所用金属材料为铝合金薄板、镀锡薄钢板。异形罐有圆罐、饮料罐、食品罐、礼品罐、艺术罐、化工罐及其他杂罐等，所用金属材料为镀锡薄钢板、镀铬薄钢板。

③ 金属气雾罐：能够承受一定内压力的由金属壳体和阀门等组成的不透气金属容器。代表性产品有铝质气雾罐，有圆肩形、斜肩形、台阶肩形的马口铁质气雾罐（三片气雾罐），直身罐，缩颈罐等。

④ 金属封闭容器：其目的是使内装物保持在容器里并防止内装物受污染。代表性产品有桶用封闭器，有螺旋式、压式、顶压式、封闭箍式等多种类型。所用金属材料为冷轧薄钢板、镀锡薄钢板、镀铬薄钢板、铝合金薄板。

（3）金属包装容器的优点

① 机械强度好。金属容器相对于塑料、玻璃、陶瓷、纸类等包装容器，具有强度大、刚性好、不易破裂等优势，因此在销售包装和大型运输包装中都被作为主要容器。

② 包装阻隔性好。金属薄板材料具有良好的阻隔性，能有效阻气、防潮、遮光、保香等，作为包装容器使用具有密封可靠的优点，能保护产品在规定期间内的质量和重量稳定。

③ 生产操作流程自动化。金属容器的生产历史悠久，工艺发展成熟，并形成了配套的生产加工流程和设备，生产效率高，能满足多种产品的包装存储要求。

④ 便于装潢印刷。金属材料印刷性能好，图案商标印刷在金属表面鲜艳美观，还能凹印和凸印出各种浮雕图案。

（4）金属容器制造主要设备

标牌机、剪板机、镀铝机、翻边机、液压机、捆扎机、镀膜机、封罐机、缝焊机、电焊机、喷涂机、压盖机、制罐机、卷边机、弯管机、冲盖机、罐生产线、铝箔封口机、金属焊接机等。

（5）金属包装容器加工工艺

金属容器的加工工艺主要分为变形加工、切削加工、磨削加工、焊接加工、热处理、表面处理等。

① 变形加工实验操作。

变形加工主要分为塑性成型、固体成型、压力加工、粉末冶金等。

a．塑性成型加工主要指在一定的模具内通过高温加热，使金属材料受热而发生相应的塑性变形。塑性成型主要分为锻造、轧制、挤压、拉丝等多种工艺手段。锻造指金属容器通过冷加工工艺或热处理后，可以直接用捶打和挤压的方式进行手工锻造，这种工艺是最为原始的金属手工成型方法。另外，还可以将高温金属材料放在圆形辊子上，将金属填入预先制作好的模型内进行轧制成型。挤压是指具有相同横截面形状的实心或空心容器成型工艺，可以热加工也可以冷加工，此法适合于连续式生产加工。

b．固体成型加工指所用的金属原料为片状、条状、块状的固体材料，适合在常温下进行加工成型，生产成本相对较低。该工艺可以分为旋压、弯曲、冲压、冲孔、冲切、切削、无切削等类型。旋压用于圆形的中轴线对称型金属容器的制作，操作过程为将高速旋转的金属板推进同样高速旋转的固定在机床上的模型内，从而获得所需的容器，该工艺主要用于批量化生产加工。弯曲是最常用的加工手段，适合片状、管状、杆状金属材料的加工。冲压用于借助模具批量化生产加工中空型的金属容器，深度可深可浅。冲孔是利用冲孔设备在金属片表面冲剪出各种形状的图样，主要用于容器的附件装饰。冲切与冲孔原理一致，不同之处是冲孔利用冲下部分，而冲切利用切后剩余的金属形状。切削指在金属切割的过程中有铁屑产生的工艺。无切削指切割过程中没有铁屑产生的工艺，如激光切割、腐蚀、化学加工、放电加工、磨砂加工、喷水切割、热切割等。

c．压力加工指利用金属在外力作用下所产生的塑性变形来制作出容器形状的加工方法。压力加工的基本方法有锻造、板料冲压、轧制、挤压、拉拔等。锻造分为自由锻和模锻，是利用锻锤反复捶压产生的冲击力而使金属坯料形状产生变化的压力加工方法。板料冲压是利用冲模使板料发生分离或变形的加工方法。常用金属材料有低碳钢、铜合金、铝合金、合金钢等板材、条材、带材。该工艺适合冲压形状复杂的包装容器，而且废料少，表面平整度好，可进行批量化大生产。常用设备有剪床和冲床。分离工序为：落料—冲孔—切断—修整。变形工序为：拉伸—弯曲—翻边 成型。

d．粉末冶金适合加工黑色金属元素或有色金属元素容器，其过程分为金属粉末混合和压入模具两个步骤，金属颗粒经高温烧结后即可成为所需的容器形状。该工艺具有原料利用率高、可以自由调配色彩等优点，是进行个性化金属包装容器制作的理想方法。

② 切削加工实验操作。

在制作精度要求高的金属包装容器时，通常需要在机床上进行切削加工。切削机床分为车床、铣床、钻床、镗床和电火花线切割等类型，不同的机床具有不同的功能。车床主要加工各种回转表面（内外圆柱面、圆锥面、成型回转面等）及回转体的端面；铣床主要进行平面、垂直面和凹槽、螺旋槽等部件加工；钻床主要进行钻孔加工；镗床具有钻孔和铣削等功能，主要用于加工尺寸较大、精度要求高、分布位置多的孔。电火花线切割加工是利用电火花产生的腐蚀性进行金属切割。

其他的磨削加工、焊接加工、热处理、表面处理等实验操作主要是对容器进行打磨、组合，以及提高金属材料的结构力、抗折性、韧性等所进行的操作工艺。

思考题

1. 简述金属包装容器制作的一般工艺流程。
2. 超市中常见的金属包装容器造型有哪些?

下篇 鉴赏篇

Appreciation

Appreciation

12 容器造型作品鉴赏

（1）石膏容器造型作品点评

图12-1酒容器作品由湖南工业大学包装设计艺术学院的张尧教授设计，郝建英进行石膏模型制作。制品将草垛的造型、人的形象与容器相结合，传达出湘西地区的酒文化。此容器造型采用制种机车制大形后，再进行手工雕刻和粘贴附件等工序，体现了现代生产工艺与传统手工文化的结合，也是对传统手工文化的回归和再建。

图12-2石膏容器为学生课程作业，其造型整体节奏感强，形体与空间的处理和谐统一，凸起的弦纹平行装饰使整个器物充满动感。容器采用制种机车制完成，在口、盖、底关系处理上较为得体。

图12-3容器采用绞胎装饰工艺，分别用水和掺有墨汁的水调配石膏浆，然后同时注入模型中，待初凝后开机进行车制，容器表面即出现如同流云纹、石头纹般的肌理效果。此类产品具有偶然性和不可复制性。

图12-1 “天人和”系列酒鬼酒容器模型 张尧

图12-2 面乳瓶造型（石膏） 汪明昱（包装0813班）

图12-3 盖罐容器模型（石膏粉、墨汁） 郝建英

图12-4容器造型为2005级包装班学生的毕业设计容器作品，造型稳重端庄，形式感强，取用方便。

图12-5不规则容器模型为概念性酒包装容器造型设计，器身采用纯手工制作成型，器盖为机器车制完成后黏结而成。在制作方法上，作者将棉线绳预先摆放在布上，然后将调制好的石膏浆倒在布上，绳子自然也被黏结在石膏表面，形成了不规则的装饰肌理。待开模后根据容器功能和审美需要对其进行局部加工处理，使之符合生产工艺要求。

图12-6造型为饮料瓶容器设计，采用机器车制完成。在形态设计上线条柔和，手感舒适，比例协调，整体儒雅端庄，平和大方。

图12-4　酒容器模型
戚智（包装2005级）

图12-5　酒容器造型　（绳印纹）　郝建英

图12-6　饮料瓶造型设计　郝建英

图12-7容器设计创意来源于自然瓜果蔬菜的造型，将艺术品生活化，使人们在日常生活中处处可以感受到艺术带来的意境美。

图12-8水井坊酒瓶容器模型为包装设计艺术学院包装设计专业方向2005级毕业生戚智设计作品，也是作者在酒厂实习期间对酒容器的理解和概括。作品采用机器车制完成，造型稳重大气，收放适当，充满王者之气。

图12-9容器先采用绳纹压印出大形，再根据形象进行造型处理，使其更加实用和富有美感。瓶口采用机器车制而成后，再用稀石膏浆将其凝结在一起。整个作品充满动感。

图12-7　瓶型设计　李伟丽
（包装2001级）

图12-8　水井坊酒瓶容器设计 戚智（包装2005级）

图12-9　不规则酒包装容器模型　郝建英

图12-10容器为包装设计专业方向2009级学生的系列香水包装容器作业。其造型创意设计来源于对锁与钥匙的理解。作品造型新颖自然，方中有圆，刚柔相济，装饰手法多样、统一。表面采用金色油漆喷涂而成。

图12-11香水瓶造型设计以圆形的几何块面切割组合进行创意表现，具有独特的视觉冲击力。

图12-10　锁系列香水包装容器　学生作品

图12-11　贾李媛作品（包装0711班）

图12-12作品以自然界的植物花瓣造型为基础进行创意表现，符合香水包装的消费定位，容易赢得女性喜爱。作品采用半机器半手工成型。

图12-13香水瓶容器模型采用机器车制而成，简洁的线形和起伏变化的几何形体使作品在造型上具有节奏韵律感和个性化审美特征。

图12-14容器造型创意来源于花卉和果实形象，前端旋钮式的设计使其功能效用得以体现，具有手工文化之美。作品先用机器车制出圆球造型，再通过手工雕刻成型。

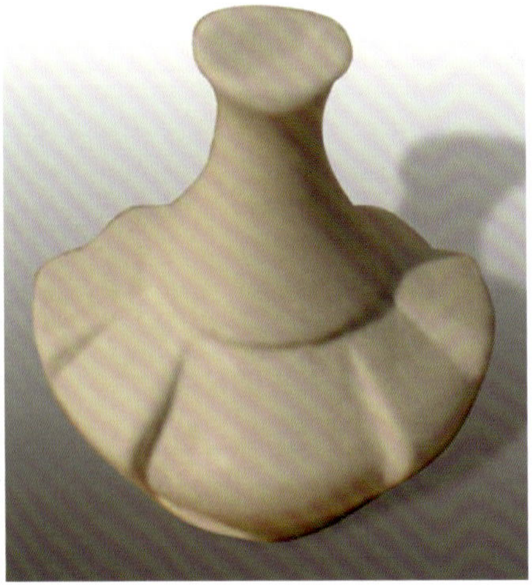

图12-12　包装0715班学生作品

图12-13　贾李媛作品（包装0711班）

图12-14　学生作品（包装079班）

（2）玻璃容器造型作品点评

图12-15五粮液玻璃酒瓶下方上圆，厚重中不失精巧。光与色的对比将酒的醇香与品质进行了充分展示。

图12-16酒瓶造型将人们所熟悉的法国埃菲尔铁塔造型进行了浓缩，具有明显的地方文化特色。

图12-17酒瓶造型的独特之处在于瓶颈的弯曲设计，为酒瓶增添了几分浪漫休闲情调。

图12-15　五粮液酒包装容器

图12-16　XO系列酒包装容器

图12-17　XO系列酒包装容器

图12-18酒瓶为具有时代经典造型的XO酒包装容器设计，刚柔相济的形体和双肩上呈发散状的雕刻装饰图案传达出酒的历史文化经典和饮用者的尊贵身份。时尚又大气的装饰纹理，形与色的交相辉映，对酒的品质进行了很好的传达。

图12-19中的REMI LANDIER酒瓶在器形设计上简洁大气，方中有圆，棱角转折微妙自然，突出了酒的高贵典雅品质。

图12-20玻璃容器在设计上将发射状的条纹装饰于瓶身两侧，使容器从正面、侧面和顶面上都获得了良好的视觉展示效果。整体造型疏密处理得当，主体内容突出，打破了圆形玻璃制品的单薄和生硬感。

图12-18　XO系列酒包装容器

图12-19　红酒包装容器

图12-20　XO系列酒包装容器

图12-21、图12-22中这两款XO系列酒包装容器在造型变化上相对要小，外轮廓也没有进行过多的夸张设计，既节省空间，又方便饮用，非常适合外出随身携带。作者将设计重点放在形体块面组合细节变化上，柔和的弧形面和斜切面设计非常符合人机工程学原理。

图12-21　XO系列酒包装容器

图12-22　XO系列酒包装容器

设计师Tvrwcwtg的包装设计作品（图12-23~图12-25）多工艺精致，具有梦幻般的意境。他的作品无不传递出一种自然浪漫的气息和晶莹剔透的质感。旋动的瓶体和流动的线条在柔和的灯光照射下若隐若现，让人情不自禁地向往。

图12-23　包装容器　Tvrwcwtg

图12-24　香水包装容器　Tvrwcwtg

图12-25　酒包装容器　Tvrwcwtg

（3）陶瓷容器造型作品鉴赏

湖南醴陵华联瓷业有限公司是国内大型日用陶瓷出口企业之一，其在产品设计（图12-26~图12-29）上不断推陈出新，针对不同地区的生活习俗和审美趋向进行设计，使产品更加适销对路。

图12-26　日用陶瓷容器　华联瓷业

图12-27　日用陶瓷容器　华联瓷业

图12-28　日用陶瓷容器　华联瓷业

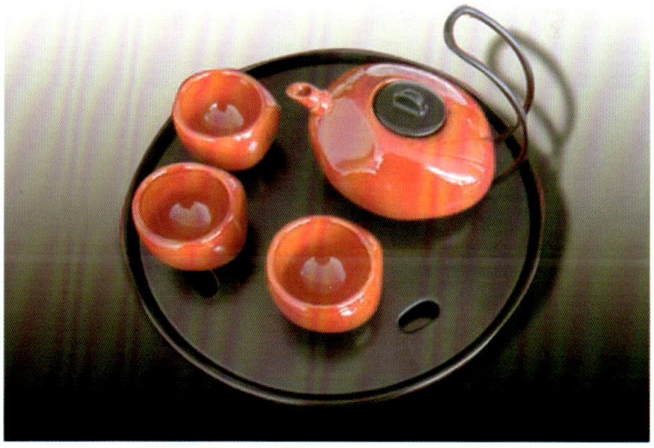

图12-29　日用陶瓷茶具（红瓷）　华联瓷业

（4）吹塑制品鉴赏

产品名称：“VODAVODA”无气天然泉水瓶

国家：塞尔维亚及黑山共和国

规格：500毫升

材料：PET

高度：21.3厘米

鉴赏：该塑料瓶（图12-30）表面不是平整光滑的，各种浮凸装饰融入瓶身，这种浮雕可以被看做一种优雅的装饰形式。浮凸装饰伴随着塑料瓶大行其道，这些深浅不一的浮凸设计确保了塑料瓶薄壁的坚固程度。该设计将机械制作技术与美学原理完美地结合在一起，使得浮凸装饰新颖别致，进而成为该产品的品牌特征。

图12-30　“VODAVODA”无气天然泉水瓶

产品名称："Micro Fluid"无气富氧纯净水瓶

国家：法国

规格：500毫升

材料：PET

高度：21.6厘米

鉴赏：在包装容器领域中，包装的视觉规划占有重要的地位，经过特殊涂层工艺加工的包装容器不仅能够在外观上赋予消费者特殊的感官效果，而且在消费者接触到瓶身时，能够表现出更好的触感和附着力度。该塑料瓶（图12-31）表面采用了特殊涂层工艺——珠光色彩，可以使瓶体在照明条件下依不同观赏角度而呈现出变幻莫测的动态效果。这种特殊的工艺可以令瓶身愈发诱人，有助于保持产品与消费者之间的纽带关系。

图12-31 "Micro Fluid"无气富氧纯净水瓶

产品名称："Glaceau smart water"净化雨水瓶

国家：美国

规格：1500毫升

材料：PET

高度：27厘米

产品名称："ISBRE"无气天然泉水瓶

国家：挪威

规格：500毫升

材料：PET

高度：19.5厘米

鉴赏：此类包装容器（图12-32、图12-33）为无色透明的效果，这也是液体包装的独特属性。通过此类包装，可以充分利用高透明度这一特征在标签的正反面之间变换设计手法，创造出与众不同的视觉效果。高透明度可以展现产品的纯净品质，还可以很方便地观察到瓶内液体的剩余程度。

图12-32 "Glaceau smart water"净化雨水瓶

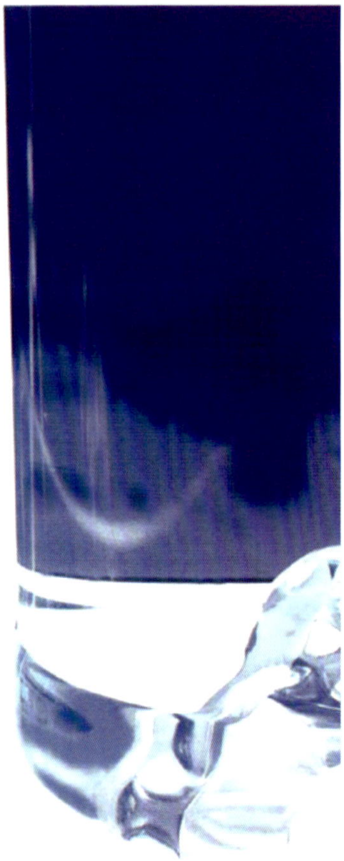

图12-33 "ISBRE"无气天然泉水瓶

产品名称："VICHY Celestins" 含气天然矿泉水瓶

国家：法国

规格：1250毫升

材料：PET

高度：32厘米

产品名称："QUÉZAC" 含气天然矿泉水瓶

国家：法国

规格：1000毫升

材料：PET

高度：32.2厘米

鉴赏：矿泉水瓶（图12-34、图12-35）是日常生活中较为常见的包装容器，人们在各种场合以各种不同的姿势把持摆弄它，因此良好的抓握感是消费者非常关心的问题。设计界常见的设计手法是把瓶身的一处或多处直径缩小，以开辟出一个专用的方便人手抓握的领域。还有的设计是在瓶身上增加凹陷部分，消费者可以把手指放在凹槽里，增大手和瓶体之间的摩擦系数，增强抓握效果。

图12-34 "VICHY Celestins" 含气天然矿泉水瓶

图12-35 "QUÉZAC" 含气天然矿泉水瓶

图12-36 "geiser super sifo" 处理工艺后的汽水瓶

产品名称："geiser super sifo" 处理工艺后的汽水瓶

国家：西班牙

规格：1000毫升

材料：PET

高度：28.9厘米

鉴赏：包装容器的一个主要功能就是方便性，一个设计良好的包装容器可以让消费者很容易接受。该包装容器（图12-36）提供了一个方便性的服务，同时容器造型也因此而变得与众不同。它在饮用方式方面优势明显，并且成本相对并不高，很容易受到消费者的好评。

产品名称："SPA Rolling Bottle"无气天然矿泉水瓶

国家：比利时

规格：3000毫升

材料：PET

高度：28.9厘米

鉴赏：该设计（图12-37）大量运用了凹凸结构设计，借鉴了形式美法则中的节奏韵律手法，整体曲线流畅。仿水滴状的瓶身结合大量具有秩序感的凹凸纹路，极具视觉美感；因考虑到生产时脱模的因素，凹凸槽的深度有所限制，而且都以圆角过渡为主；使用带有蓝色的透明材质制作，充分衬托了产品的特点，使消费者产生清凉爽口的感觉。

图12-37 "SPA Rolling Bottle"无气天然矿泉水瓶

产品名称："evian Nomade"无气天然矿泉水瓶

国家：法国

规格：750毫升

材料：PET

高度：26厘米

鉴赏：现代消费者在日常生活中随处都可能需要饮水，所以包装容器也随之产生并逐渐变化，以适应户外饮水的生活方式。该包装容器设计（图12-38）在瓶盖部分配备圆环，以方便通过弹簧钩悬挂在背包上，或者在人们的手提袋中找到适合的位置，充分考虑了使用的方便性。

图12-38 "evian Nomade"无气天然矿泉水瓶

（5）国外容器造型作品鉴赏

以下所展示的作品（图12-39~图12-65）均是来自国外艺术家的作品，他们的作品从不同的文化观念和材料语言上诠释着形与色，在工艺与艺术的双重表现性上进行了多元探索，体现了当代容器造型设计的多元综合化发展趋势和艺术家的个性审美情感表达。

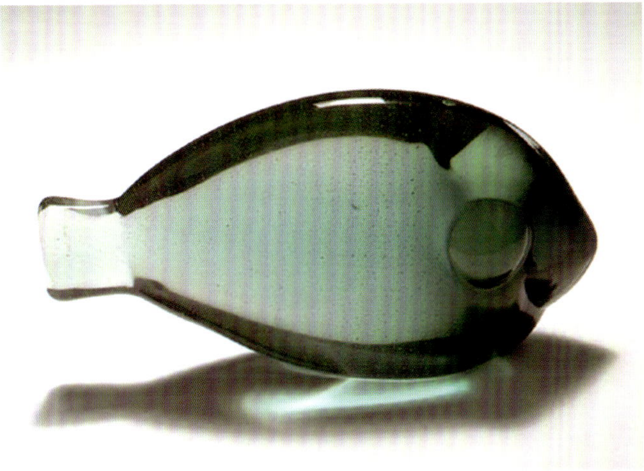

图12-39　鱼　吉诺切内代塞（高12.5厘米，法国，1960年）

图12-40　鸡蛋形容器　劳拉·迪亚斯蒂利亚纳（意大利）

图12-41　横滨的花瓶　阿尔多·内森

图12-42　冰川　塔皮奥·维卡拉

图12-43　有眼睛的花瓶　托维亚·斯卡帕（高13厘米，意大利，1959年）

图12-44　花瓶　奥雷利亚诺·托索（高24.4厘米，1955年）

图12-45　花瓶　埃利奥斯基亚翁（高16厘米）

图12-46　穆瑞讷花瓶　埃尔曼诺·图思（高31厘米，1960年）

图12-47　鸡　亚历山德罗·皮埃罗（意大利，1962年）

图12-48　小鸡　亚历山德罗·皮埃罗（意大利，1962年）

图12-49　天津"四"　埃托雷·索特萨斯（高20.5厘米）

图12-50　窗口花瓶　安左罗·富加（高38.8 厘米，1960年）

图12-51　花瓶　埃尔曼诺·图思（高39.6厘米）

图12-52　两个水平的肋骨花瓶　阿基米德·色古索（分别高20、27.5厘米，意大利，1960年）

图12-53　恩尼库木大花瓶　一武夫

图12-54　花瓶　土彦（高32厘米，不透明的红色和黑色玻璃，2001年）

图12-55　瓶　保罗·韦尼尼（蓝色、红色、黄色玻璃和深蓝色的电熔熔块，高28厘米，意大利，1956年）

图12-56　带塞的带状瓶　富尔维奥·比安科尼
（1956年）

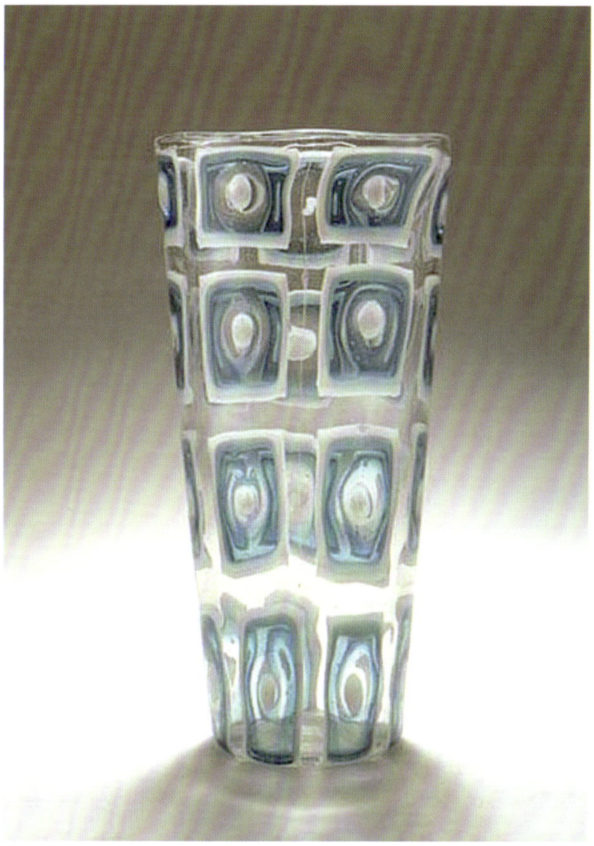

图12-57　雅克梅尔·多尼克的花瓶　埃尔科莱·巴若韦尔
（高33厘米，意大利，1960年）

图12-58　蓝色花瓶 利诺·塔利亚彼得拉（高17.7厘米）

图12-59　带塞瓶 亚历山德罗·皮埃罗
（高30.1厘米，意大利，1962年）

图12-60　铲子的家　保罗·韦尼尼（高31厘米，意大利，1958年）

图12-61　带盖的酒杯　劳拉·迪亚斯蒂利亚纳（高45厘米）

图12-62　林加姆花瓶　塞尔吉奥阿斯蒂（高34厘米，荷兰）

图12-63　弗拉门戈雕塑　巴勃罗·毕加索（高44.5厘米，1960年）

图12-64　花瓶　埃尔科莱·巴若韦尔（高27.5厘米，意大利，1958年）

图12-65　塞杜纳花瓶　埃尔科莱·巴若韦尔（高26.8厘米，意大利）

参考文献 References

[1]（西）杰奎姆·曼宁·切维利亚·克莱门特. 模制技法[M]. 董苏学，译. 长春：吉林美术出版社，2001.

[2] 周威. 玻璃包装容器造型设计[M]. 北京：印刷工业出版社，2009.

[3] 郁文娟. 硬质塑料包装容器的生产与设计[M]. 北京：中国纺织出版社，2009.

[4] 吴敏，王睿. 包装设计师必读手册[M]. 北京：印刷工业出版社，2010.

[5] 郭彦峰. 包装测试技术[M]. 北京：化学工业出版社，2006.

[6] 王德忠. 金属包装容器——结构设计、成型与印刷[M]. 北京：化学工业出版社，2003.

[7] 杨文亮，辛巧娟. 金属包装容器——钢桶制造技术[M]. 北京：印刷工业出版社，2001.

[8] 湖南省陶瓷玻璃工业公司，湖南省醴陵陶瓷研究所. 湖南陶瓷实用工艺技术[M]. 醴陵：湖南省醴陵陶瓷所，1993.

[9] 宋宝丰. 包装容器结构设计与制造[M]. 北京：印刷工业出版社，2007.

[10] 陈进海，李正安. 陶瓷的现代设计[M]. 长沙：湖南美术出版社，1996.

[11] 李连进，冯梅. 包装结构设计[R]. 天津：天津商学院包装工程系，2007.

[12] 周开明，冯梅. 销售包装结构设计[M]. 北京：化学工业出版社，2004.

[13] 王玉林，苏全忠，曲远方. 产品造型设计材料与工艺[M]. 天津：天津大学出版社，2004.

[14]（法）布里斯·帕帕尔. 水的包装[M]. 李慧娟，译. 上海：上海人民出版社，2007.

网络资源参考

[1] http://c.chinavisual.com/2007/07/03/c38612/index.shtm

[2] http://www.9bzw.com

[3] http://www.293.net/68tuku.com

[4] http://www.icollector.com/auctionprint.aspx?as=10877

[5] http://www.laatutavara.com

[6] http://www.venini.it/eng/intro.htm

[7] http://www.invaluable.com

[8] http://issuu.com/quittenbaum/docs/catalogue-089a/1

后记 Postscript

我们生活的这个世界，有着数不清的容器，其形态更是五花八门、千变万化。无论是来源于天然的形状还是人工造物，都是先人们在长期生产与生活劳动中的智慧结晶，是人类伟大创造力的结果。从原始时期的打制磨制石器、动物骨头、皮囊、植物茎叶、果实外壳等自然形态，到木器、青铜器、漆容器、陶容器、瓷容器、石材容器、塑料容器、玻璃容器、金属容器、纸容器等人为形态的不断出现，人类的生产和生活方式都产生了巨大变化。简单地讲，容器就是指具有一定容积的器具。其造型与装饰形式的发展演变折射出不同时代人们的生活方式和风俗习惯。提到容器，就自然离不开对材料、成型工艺、质感、性能和用途等的认识。研究不同时期的容器造型与装饰的产生、发展、演变与工艺、材料、功用等，将对其造物思想和审美观念产生更深层次的认识，为当代的容器造型设计创新发展提供宝贵的营养。

人类借助模型制作容器的技法与手工成型技法一样久远。早期的劳动人民在生活中就发现将泥涂抹在编织好的篮、筐表面，经火烧结后则可成型。后来发现这些烧结的熟土坯硬度好，在其表面拍印泥料很容易干硬且易于脱模，从而发明了陶模。人们在陶模表面雕刻花纹图案并烧结，在其表面用泥板贴印则可将纹饰转印在坯体上。汉代的王充在《论衡·物势》中认为："今夫陶冶者初埏埴作器，必模范为形，故作之也。"《金史·食货志三》中记载了铜钱的陶范注制过程："不若弛限钱之禁，许民自采铜铁钱，而官制模范，薄恶不如法者，令民不得用。"后来，熟石膏出现，并被用于粉刷墙壁和制作雕塑模型，使手工成型和模具成型成为基本的容器成型方法。从积极的方面看，模具成型具有可重复性的特点，其容器产品规格统一，便于叠摞组装，方便视觉识别，相对手工成型制品来说极大地提高了生产效率，节约了劳动时间。从另一方面来看，模具成型的容器缺少手工制品的指纹唯一性和情感专属性，偶然性和个性化特征变少，标准化和共性化特征增多。模范本指制造器物时所用的模型，从字面意思上讲：范为阴，模为阳，阴阳相合，丝毫无差；模从范中生，范由模来造，二者是相辅相成、相辅相生的关系。后被逐渐引申为值得人们学习或取法的榜样。“一个模子出来的”“一模一样”“模范”“范本”等词语也成为了人们对相似事物进行比较的口头禅。

本书作为高等院校设计艺术类专业实验教学系列教材之一，旨在通过图文并茂的形式，将包装容器的造型设计与模型制作实验进行一个较为系统的演示和总结，希望人们能从中掌握包装容器造型制作的相关实验设备、材料和工艺技术，为今后从事塑料、金属、玻璃、陶瓷等包装实验、实习、生产和创作实践起到一定的启发引导作用。该教材分为三大板块：第一板块为概论篇，对容器的概念与分类、石膏容器制作的相关设备及材料工具进行介绍，并讲述了模具的种类与作用；第二板块为实践篇，以简洁的图文介绍了石膏容器造型、模具制造、玻璃、塑料、金属容器的制作实验流程，并对实验中的常见问题进行分析，提出解决办法；第三板块为鉴赏篇，通过点评国内外优秀容器造型作品，开拓设计视野和创作思路，促进学生在包装容器造型设计与材料使用、生产要求上的有机结合，为学生毕业后从事包装设计奠定一定的实践基础。

本教材在编写过程中，由于牵涉的领域比较宽，需要考察与实验操作的内容多，为保证按时完成，在统一编写大纲要求的前提下，实行分工协作的形式。郝建英主要负责石膏容器模型、金属包装容器制作和鉴赏篇的图文编写，李闯主要负责塑料包装容器制作的图文编写，莫快主要负责玻璃包装容器制作的图文编写。

该实验教材的编写得到了许多专家和同仁的支持和帮助，部分企业和个人为本教材提供了图片资料等。感谢湖南工业大学朱和平教授对本系列实验教材的编写工作给予的关心；感谢湖南工业大学包装设计艺术学院汪田明院长、许超副院长、胡俊红副院长等对该书的撰写、编辑、出版所作的多方面努力；感谢包装设计艺术系的杨艳平主任为本书撰写所提供的人力支持；感谢研究生赵丽莉、滕召阳、唐巧虬和实验中心的荣华、沈小国老师等协助进行的图片采集和处理；感谢董苏学先生所译的《模制技法》一书，为本书的编写提供了许多实验参考。

由于国内在容器造型与模具制作这方面的实验教材少，也缺少一定的模式参考，可谓是摸着石头过河。再者，因编者水平和时间有限，书中难免会存在一定的疏漏和不足，恳请各位专家和同行予以批评指正。

编著者

2011年10月于株洲